Bibliografische Information der Deutschen Nationalbibliothek:

Die Deutsche Bibliothek verzeichnet diese Publikation in der Deutschen National-
bibliografie; detaillierte bibliografische Daten sind im Internet über http://dnb.d-
nb.de/ abrufbar.

Impressum:

Copyright © 2018 GRIN Verlag, Open Publishing GmbH
Druck und Bindung: Books on Demand GmbH, Norderstedt Germany
ISBN: 9783668621107

Dieses Buch bei GRIN:

https://www.grin.com/document/388463

Michael Dienst

Zur Phänomenologie der Carpo Finne

Biologistische Aspekte einer belastungsadaptiven Surfboardfinne

GRIN Verlag

ZUR PHÄNOMENOLOGIE DER CARPO FINNE
Biologistische Aspekte einer belastungsadaptiven Surfboardfinne

Berlin im Februar 2018

Das Wellenreiten (hawaiianisch: *he'e nalu*, englisch *surfing*) wird in der Regel an Küsten ausgeübt und besteht in einer eleganten, gleitenden Bewegung über die Wasserfläche. In seiner ursprünglichen Weise ist das Surfen schon annähernd 4000 Jahre bekannt. In vorchristlicher Zeit brachen die Polynesier aus ihrer mythischen Urheimat Hawaiki auf, um den gigantischen pazifischen Siedlungsraum sicher zu befahren. Durch ihre Reisen verbreitete sich auch das Surfen in der Südsee. Die Blütezeit erlebte das ursprüngliche Wellenreiten auf den Inseln von Hawaii und war von hoher gesellschaftlicher Bedeutung. So waren etwa die Strände mit den größten und besten Wellen den Königen vorbehalten. Das Konstruktionsprinzip des Boards ist seit damals unverändert. Moderne Surfboards unterscheiden sich in Größe und Gestalt, weisen aber gemeinsame, sinnfällige Grundmuster auf. Neuartig sind Surfboardfinnen, die sich – abhängig von der angebotenen Strömung – passiv und autonom zu einer zweckmäßigen Gestalt verformen. Die Idee für eine derartige Belastungsadaption stammt aus der belebten Natur.

Surfing (Hawaiian: he'e nalu) is usually practiced on the coasts and consists in an elegant, sliding movement across the water surface. In its original way, surfing has been known for almost 4000 years. In pre-Christian times, the Polynesians set out from their mythical homeland of Hawaiki to safely navigate the gigantic Pacific settlement area. Through their travels, surfing in the South Seas spread. The heyday experienced the original surfing on the islands of Hawaii and was of high social importance. For example, the beaches with the biggest and best waves were reserved for the kings. The design principle of the board is unchanged since then. Modern surfboards differ in size and shape, but have common, meaningful basic patterns. New are surfboard fins, which deform - depending on the flow offered - passively and autonomously to a functional shape. The idea for such a load adaptation comes from the living nature.

Über die Forschung an Surfboardfinnen

Die für ein Surfboard typische wenn auch unterschiedlich ausgeführte Finne am Heck des kleinen Seefahrzeugs ist als solche sofort zu erkennen. Selbst von einem Theoretiker. Dies mag damit zusammenhängen, dass Surfboardfinnen, obwohl es erhebliche geometrische und funnktionale Unterschiede gibt, dennoch ein gemeinsames Grundmuster aufweisen. Im Vergleich zu den Formen einer Leit- und Steuertragfläche eines „normalen" Seefahrzeugs, etwa dem Ruder eines Binnenschiffes, besitzen Surfboardfinnen eine fröhlich-dynamische Formensprache und es macht Spaß sich damit zu beschäftigen.

Eine wissenschaftliche Behandlung von Surfboardfinnen liegt keinenfalls nahe. Zu groß ist der mythische Gehalt dieser kleinen Tragflächen. Aus Gesprächen mit lieben Menschen, die ich sehr schätze und die - im Gegensatz zu mir – tatsächlich surfen können, weiß ich, dass durchaus eine ernst zunehemende Gafahr besteht, durch Forschung und Unachtsamkeit das magische fluidische Geschehen um und an einer Surfboardfinne zu entzaubern. Diese Absicht ist mir nicht eigen. Gleichsam ist es nicht immer möglich, ein Forscherherz auf das Notwendigste an Erkenntnisdurst einzuhegen und sich ergebende Möglichkeiten auszuschlagen. Die Forschung an strömungsadaptiven Tragflügeln die im Wasser arbeiten in den vergangenen fast zwanzig Jahren führt fast zwangsläufig auf steuerungsfreie, passiv-adaptive Systeme; die gerade von sehr vielen sehr jungen Wissenschaftlern und Produktions-praktikern getragenen Entwicklungen auf dem Gebiet der „additiven Fertigungsverfahren" wie dem Rapid Prototyping (RP), respektive den über die Stadt in Start-Ups verteilten Maker-Spären verunmöglichen eine Ignoranz gegenüber diesem für einen Theoretiker so ungewöhnlichen Forschungsgebiet. Schlechterdings möchte ich meine Neugier mit der Ausrede unterlegen, dass die Sorfboardforschung auch anderen Fachdisziplinen, etwa dem Yacht Design nützliche Hinweise zum klugen Gestalten zukünftiger Leit- und Steuertrag-flächen von Seefahrzeugen liefern möge.

Und machen wir es doch an dieser Stelle kurz und schmerzlos. Zu meinen Arbeitsmitteln gehört das System LABFin, die vielleicht häßlichste Surfboardfinne unter der Sonne. Möge sie dem neneigten Leser nur in meinen Texten, nicht aber im wahren Leben, draußen in der schönen Welt begegnen. Die hier postulierte referentielle „NULL-Finne" ein fiktionales System. Niemand - außer uns - würde diese Finne kaufen. Kein Surfer

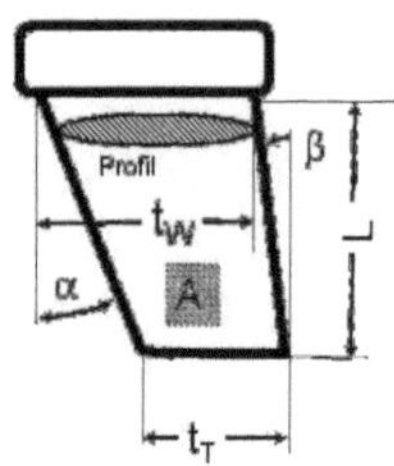

würde die Null-Finne unter sein Board klippen, durch die Welle pflügen oder sich gar damit am Strand zeigen, außer unsere wackeren Forschungspartner. Vielleicht. Die NULL-Finne besitzt eine einfache, sinnfällige Tragflügelkontur (Trapez-Flügel mit mäßiger Pfeilung an der Profilvorderkante und ohne Pfeilung an der Hinterkante), ihre Gestalt ist geometrisch ausgewogen, vermeidet Extrema (Schlankheitsgrad, Aspect Ratio) und ist mit RP-Technik problemlos zu fertigen. Als Terminal wählen wir das *FUTURES*-System (kurzes Plug der Center-Fin) des Forschungspartners.

Vorgegebene und abhängige Geometriedaten				NULL-Finne	
Profiltiefe (Wurzel, Root)	t	m	0.1	0.10	
Profiltiefe (Randbogen, Tip)	t_T	m	$0.7 \cdot t$	0.07	
Tragflügellänge	L	m	$1.2 \cdot t$	0.12	
Terminal Breite	b	m	0.07	0.07	
Pfeilungswinkel vorn	α	°	$\alpha = \mathrm{arc\,tan}((t-t1)\,/\,L)$	16	
Pfeilungswinkel hinten	β	°		0	
Schlankheit (Aspect Ratio, AR)	λ	-	$\lambda = 2 \cdot L\,/\,(t+t_T)$	1.4	
laterale Tragflügelfläche	A	m^2	$(L \cdot t) - (L^2 \tan \alpha)/2$	0.0102	
benetzte Tragflügelfläche	A_b	m^2	$(2 \cdot L \cdot t) - (L^2 \tan \alpha)$	0.0204	
projez. Anströmfläche	A_S	m^2	$d \cdot L$	0.0072	
Profildicke(Wurzel) NACA 0007	d_W	m	$d_W = 0.07\,t$	0.07	
Profildicke(Tip) NACA 0007	d_T	m	$d_T = 0.07\,t_T$	0.049	
Dickenrücklage NACA 0007	df	m	$df = 0.3\,t$ (für Wurzel)	0.03	

Tabelle 1: Spezifikation der Systemfinne.

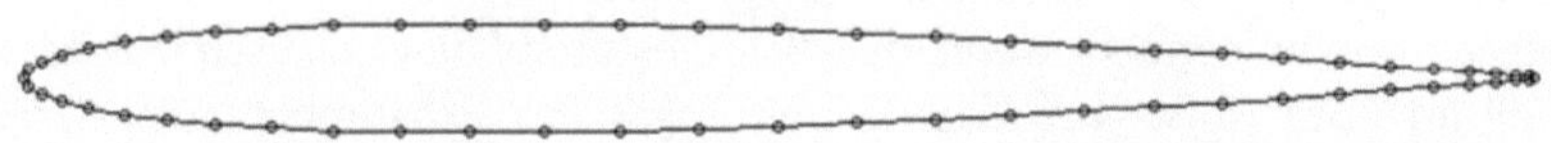

Die NULL-Finne ist ein Container, der mit unterschiedlichen Profilkonturen „beladen" werden kann. Das Startsystem besitzt eine Profilkontur aus der 4-stelligen Serie symmetrischer NACA-Profile [1] mit d/t=7[%] Durchmesser (NACA 00 07) so dass bei einer Profiltiefe von t=100 [mm] die Materialstärke am Terminal (b=7 [mm]) erreicht wird. Die Dickenrücklage der 4-stelligen NACA-Profile ist für kleine Profildicken auf df=0.3·t determiniert. Diese Profilserie ist benannt und zeichnet sich dadurch aus, dass die Kontur y(x) durch ein Polygon

---

[1] Polygon der Profilekontur der vierstelligen NACA-Serie: $y(x)_{NACA} = y_{MAX} \cdot (a_0 \cdot x^{1/2} + a_1 \cdot x + a_2 \cdot x^2 + a_3 \cdot x^3 + a_4 \cdot x^4)$

4.ten Grades angegeben wird, was – vor dem Hintergrund einer Fertigung mit RP-Techniken - die Portation der CAD-CAM-Datenfiles erleichtert.

REALITÄT und WIKLICHKEIT

Es werden in dieser Arbeit Methoden bereitgestellt, die erste Aussagen über die mechanische und die Strömungswirklichkeit der Leit- und Steuertragflächen von kleinen Seefahrzeugen, speziell Surfboardfinnen, liefern. Unseren Job als Theoretiker erledigen wir in erster Linie am Computer oder in der Bibliothek. Und ja, in den Datenbanken im Netz. Wir haben Zugriff auf Theorien und physikalische Modelle, die wir dann auf spezielle Fragestellungen anwenden und konditionieren. Aber was hat das mit der realen Finne zu tun? Taugen die dargestellten Methoden im realen Leben, im Umgang mit Surfboards an der Welle?
Natürlich nicht. Oder nur bedingt. Aber es ist ein Anfang. Mich interessiert in erster Linie ja die Wirklichkeit. Bei Strömungsbauteilen speziell die Strömungswirklichkeit. Die Wirklichkeit ist nur ein klitzekleiner Teil der Realität, die mich gerade umgibt, vom gestern ins morgen führt, zurzeit unendlich oft an beliebig vielen Stellen der Welt stattfindet. Die Wirklichkeit, im Sinne einer Wechselwirklichkeit wird dann zu einer „begreifbaren" Erfahrung, wenn ich mit ein paar gut ausgewählten Instrumenten, Modelle auf die ich mich verlassen kann, das Wirken des Einen mit dem Anderen, das wechselseitige Wirken, beschreiben kann. Die Realität ist alles, die Wechsel- Wirklichkeit nur der kleine Teil davon, den ich verstehen kann; von dem ich mir ein Modell erstellen will. Meine ganze Welt ist nur das Modell von ihr. Ein Erklärungsmodell. Ein Wechselwirkungsmodell. Meine Modellvorstellung. Ich kann mir so in etwa vorstellen, wie es klappert, wenn mein Schreibstift auf den Holztisch fällt. Mein Modell im Kopf ist so gut, dass es mir sogar das Experiment erspart, die Realität.
Die Realität? Die meisten Menschen die ich kenne, sind auf ihre oder auf irgendeine Weise Realisten. Sie sagen: „ich glaube nur was ich sehe". Das ließe sich nun wohlwollend erweitern auf: was ich rieche, schmecke, fühle und vor allem höre; was meine Sinne mir mitteilen. Die Definition der Gesamtheit jeder sinnlichen Erfahrung ist die Ästhetik. In der Ästhetik Kants besteht ein Kontakt zwischen einem Objekt und mir, dem Subjekt. Auch hier resultiert meine sinnliche Wahrnehmung aus (physikalischen) Wirkungen. Wechselwirkungen, physikalischer Wirklichkeit.

In den vergangenen fünfzehn Jahren hatten wir, die kleine Forschergruppe der BIONIC RESEARCH UNIT der Beuth Hochschule für Technik in Berlin in erster Linie Projekte initiiert und durchgeführt, die inhaltlich mit Seefahrzeugen zu tun hatten. Unser wichtigster Forschungspartner ist die die Firma FutureShip in Potsdam bzw. der Germanische Lloyd DNVGL in Hamburg. Gelegentlich durften wir Fragestellungen aus dem Yachtbereich bearbeiten, Vorträge halten und hören, Patente für zukünftiges YachtDesign entwickeln oder an Symposien und an Gesprächsrunden mit Experten für Yacht Design teilnehmen. Für einen Wassermenschen, der am See lebt und seine Freizeit am liebsten mit Segeln verbringt, ist das ein großes Glück. Leit- und Steuertragflächen schon, aber speziell Surfboardfinnen hatten wir bislang nicht im Programm. Am Anfang meiner Untersuchungen stand dann auch nicht der Anspruch auf Vervollständigung des Repertoires im Sinne von: „ … auch mal was mit Surfen machen!", sondern die Aussicht auf ein Stückchen „Realität". Weil Surfboards recht klein sind, besteht jetzt die Aussicht, Strömungsbauteile in diesem Zusammenhang nicht als maßstäbliches Modell, sondern in einer Ausführung 1/1 betrachten, messen und auch anfertigen zu dürfen. Wir haben die Chance, Berechnungen durch Messungen zu verifizieren, aus Computermodellen gebrauchsfertige Produkte selbst herzustellen, der Realität damit ein wenig näher zu kommen, ihr einen größeren Brocken Wirklichkeit abzuringen als sonst.
Bauartbedingt sind die Profile der Surfboardfinnen vom Stand der Technik sehr schlank. Für das uns vorliegende kommerzielle Produkt der Firma FUTURES identifizieren wir ein Strömungsprofil von lediglich 6% Dicke (bezogen auf die Profiltiefe, wir kennen den argumentationsweg von den Ausführungen oben im Text). Für das Standardprofil der vierstelligen NACA-Reihe existieren Messdaten, die für eine Reynoldszahl Re= 10E6 ermittelt wurden [Abbo-59]. Die Gegenüberstellung berechneter und gemessener Liftkoeffizienten ergibt eine deutliche und für diese sehr schlanken Tragflügelprofile typische Bevorteilung der realen Messwerte gegenüber der Computersimulation.
Mit dem hier zu erörtenden CARPO- Prinzip für passiv adaptive Surfboardfinnen wollen wir die begrenzten Möglichkeiten der Querkrafterzeugung sehr schlanker Tragflügelprofile um eion paar nützliche Prozent erweitern, indem nunmehr wölbende Koturformen realisierbar werden. Traglfügelprofile, die bei ähnlichem Widerstandsgebaren, höhere Schubleistung für ein Lnkmanöver bereitstellen. Der Anhang dieses Aufsatzes führt weitere Erläuterungen an. Die Idee einer belastungsadaptiven Tragfläche stammt aus der belebten Natur.

BIONIK

Aus einer vereinfachenden und technischen, aus einer „systemischen Sicht", bildet die Wirbeltierhand, insbesondere das System der Mittelhandknochen „Getriebeelemente" in einer komplizierten räumlichen Anordnung aus. Aus dieser technischer Sicht skaliert und rapportiert das Vielgelenkjgetriebe Funktionselemente nach einem Beuge- und Spreiz-Prinzip. Die Wirkungsweise einer Vertebratenhand offenbart sich nicht unvermittelt. Einerseits werden die Karpometakarpalgelenke[2] beim Menschen nicht direkt dem Handgelenk zugeordnet und ausserdem bleibt die Art und Weise, wie diese vermeintlichen Getriebeelemente angeordnet sind und wie sie miteinander wechselwirken, zunächst einmal unter der Haut meiner Hand verborgen. Auch ist die Menschenhand kein naheliegendes bionisches Vorbild für einen Strömungskörper. Auf einer abstrakten Ebene jedoch finden wir ein Gestaltungsprinzip, das das kinematische Wesen der Mittelhand in der speziellen Form und Interpretation der oberen Extremitäten des Wirbeltiers preisgibt. Lassen wir einen Apfel in eine „ahnungslose" Hand fallen, erleben wir unmittelbar, dass dieses Getriebesystem auch ohne kognitive Rückmeldung über Sinne, Nerven und Gehirn funktioniert und eine kluge Bewegung ausführt. Die Formänderungsbewegung der Hand erfolgt kollektiv über eine Vielzahl mit einander gekoppelter „Getriebeelemente". Die von der Gewichtskraft des Apfels beaufschlagte Hand umgreift das Objekt passiv und belastungsadaptiv zugleich. Es handelt sich um die verkörperte Klugheit passiver Systeme, Eigenschaften, die das Wirbeltierskelett im Laufe der Jahrmillionen der biologischen Evolution erworben und behalten hat. Also wage ich zu behaupten, dass es sich bei meiner, der menschlichen Hand, um ein System handelt, das eindeutig Bezüge zu belastungsadaptiven Elementen mit „intelligenter Mechanik" aufweist.

Das Forschungsvorhaben CARPO behandelt Gelenkkinematiken für belastungsadaptive Strömungskörper nach dem Vorbild der Mittelhandknochen der Wirbeltierhand CARPALS, METACARPALS. Ziel der CARPO-Forschungslinie sind Gestaltungsaufgaben. Vor dem Hintergrund einer populistischen Betrachtung des namensgebenden Biosytems wird anschließend eine Gestaltungsfragen zugängliche Systematisierung der Extremitätrenentwicklung der Wirbeltiere entworfen.

---

[2] Karpometakarpalgelenke, die Verbindung der distalen Handwurzelknochen mit dem zweiten bis fünften Mittelhandknochen, Articulationes carpometacarpales II–V).

WIRBELTIEREXTREMITÄT

Eine Geschichte der Entwicklung der Extemitäten von Wirbeltieren kann prinzipiell aus zwei Richtungen erzählt werden. Aus der (vertikalen) Sicht der Evolution, von Generati-on zu Generation und aus der (horizontalen) Sicht der Organogenese, respektive Embriogenese der der Wirbeltiere, also der Entwicklung von der befruchteten Eizelle bis zum adulten Organosmus. Beide Sichtweisen betrachten den gleichen inhaltlichen Zusammenhang und bilden zusammengeführt einen verschachtelten Komplex. Ein phylogenetisches Dilemma. Die Organogenese ist vielleicht für den Techniker und Nichtbiologen die sinnfälligere Herangehensweise, weil hier die molekularen und zellulären „Mechanismen" der Muster- und Gestaltentstehung den Vordergrund der Argumentation bilden. Gleichwohl ist die biologische Formbildung ein Vorgang, der im technischen Produktionsprozess und in der Welt der artififziellen Systeme kein Äquivalent findet, so kommt der formale Duktus der Argumentation einer im Vorhaben CARPO II zu entwickelden Lehre über das Zusammenwirken funktionaler Gestaltungselemente entgegen.

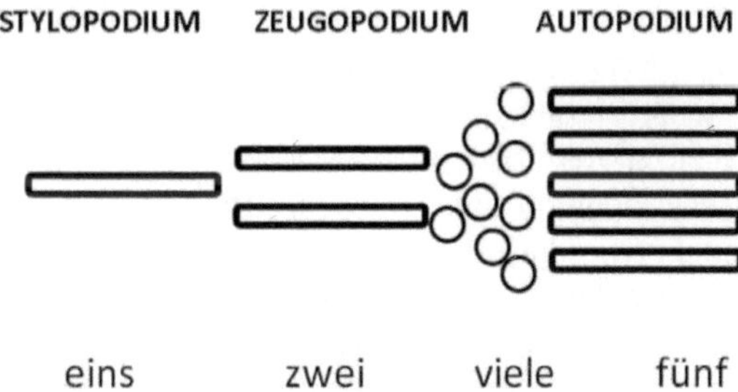

Abb.2
Abstrakte Verdebratenextremität.

Deskriptiv betrachtet erfolgt die embrionale Entwicklung der Extremitäten eines Wirbeltiers im so genannten Extremitätenfeld, einer Region in der linken und rechten Flanke des Embrios. Beobachten wir an dieser Stelle die oberen Extremitäten des Wirbeltiers, so bilden kleine Knospen („Buds") an den seitlichen Flanken des embryonalen Körpers Knospen. Sie entstehen in einer definierten topo-graphisch-anatomischen Region entlang der Anlagen der

Wirbelsäule. Aus den Somiten[3] dort wächst zunächst nicht differenziertes, uniformes mesenchymes Zellgewebe des lateralen Mesoderm aus. In den Extremitäten-knospen befinden sich anfangs nur unspezialisierte mesenchymale Zellen, die von einer Schicht embryonaler Haut, dem Ektoderm, bedeckt werden. Während der Somitogenese teilt sich (paraxiales) Mesoderm in Zellblöcke, die Somiten eben. Der Vorgang beginnt hinter der Kopfanlage und schreitet sequentiell nach hinten fort. Jeder Somit enthält zunächst einen kleinen Hohlraum, das Coelom.

Signalmoleküle, die morphogenetische Gradienten darstellen, induzieren in den Somiten Zellpopulationen, die nacheinander aus dem Somiten auswandern und im zugehörigen Körpersegment verschiedene Gewebe differenzieren. Dieser Art stülpt sich das oberhalb liegende Ektoderm zu einer paddelförmigen Extremitätenknospe aus; erste topologische Merkmale der Verdebratenhand werden sichtbar. Es kommt zur Ausbildung der apikalen ektodermalen Randleiste[4] (AER). Die AER ist eine lange, wulstartige Struktur an der abgeflachten Spitze der Extremitätenknospe. Die embrio-nale Entwicklung der Extremität erfolgt also (in Richtung) vom Körper weg.

Zunächst kondensieren Zellen in der Knospe. In einer Vielzahl von parallel synchronen sowie seriellen Entwicklungsschritten differenzieren sich die (kondensierten) Zellen der Knospe in Knorpelgewebe (Chondrogenese). Die genetischen und epigenetischen Muster die jetzt entstehen, sind unsere erste Stufe der topologischen Systematisierung (Skizze, Abb.2). Diese Struktur ist Basis und Ursache der sich später bildenden Knochen von Oberarm (Stylopodium), Unterarm (Zeugopodium) und Hand (Autopodium). In der Erforschung der embrionalen Entwicklung der Extremitäten der Wirbeltiere stellt die exakte Lokalisierung und die Formfindung der finiten (möchte man sagen) diskreten skelettären Elemente Stylopodium, Zeugopodium und Autopodium innerhalb der paddelförmigen Extremitätenknospe den eigentlichen Kern. Die frühen Arbeiten Turings[5] (1952) in denen Differentialgleichungen Entwicklungsmecha-nismen beschreiben werden (Turing-Mechanismus) und die klassische Theorie der morphogenetischen Gradienten[6]

---

[3] Somiten [von *soma-], Ursegmente, früher fälschliche Bezeichnung Urwirbel, im frühen Chordaten-Embryo der seitlich an die Chorda-Anlage angrenzende segmental gegliederte Anteil des Mesoderms. Die Somiten stammen von Zellen ab, die in der Blastula beidseits der Organisator-Region liegen und nach der Gastrulation beidseits der Chorda dorsalis das paraxiale oder präsomitische Mesoderm bilden. Nach http://www.spektrum.de/lexikon/biologie/somiten/62095

[4] AER - Apikale ektodermale Randleiste. Organisatorregion (Signalzentrum) für die Steuerung des proximo-distalen und antero-posterioren Auswuches der Knospe

[5] Turing hatte sich von 1952 bis zu seinem frühen Tod im Jahre 1954 mit Problemen der Theoretischen Biologie beschäftigt. In der Arbeit zum Thema The Chemical Basis of Morphogenesis wurde dieser heute als Turing-Mechanismus bekannte Prozess erstmals beschrieben.

[6] Lewis Wolpert, (* 19. Oktober 1929 in Südafrika) ist Entwicklungsbiologe und Autor verschiedener Bücher und Lehrbücher. Positionsinformation, Lageinformation, positional information, in der Entwicklungsbiologie Signal, das eine Zelle über ihre

(Wolpert, 1969) gelten heute als überholt. Gleichsam war der morphogenetische Gradient Wolperts die Deutungsbasis erster computer-basierter Modelle (Meinhard und Gierer, 1972). Das Modell der globalen Inhibition und lokalen Aktivierung ist heute durchaus Lehrmeinung [Mei01] [Mei82] [Mei84] [Tur52] [Wol99]. Wolpert beschrieb ein dreidimensional angelegtes, auf den Fick'schn Diffusions-gleichungen basierendes Mehrstoff-Gradienten-Modell (French flag model) ein, in dem räumlich verteilte Aktivator-Inhibitor-Kollektive (lokaler kurzreichweitiger Aktivator und lateraler, weitreichender Inhibitor) zu regelmäßigen Mustern führen.

Entscheidend für die von Wolpert, Meinhard und Gierer vorangetriebene Forschung war die Erkenntnis, dass die in Computermodellen darstellbaren Aktivator-Inhibitor-Systemene in einem weiteren Schritt der Abstraktion zur Autopoiesis, zur Selbstorganisation taugen, es also konservative Mechanismen der biologischen Muster- und Gestaltentwicklung geben mag, die universell und (weil konser-vativ) superponierbar sind. Eine entscheidende Eigenschaft passiv- phylogenetischer Szenarien.

Für Naturwissenschaftler ist die Frage nach der biologischen Musterbildung und der embrionalen Form- und Gestaltentstehung nach mehr als 50 Jahren aber immer noch nicht eindeutig geklärt. Man weiß nicht, in welcher Form Zellen der Knospe der Verde-bratenhand Positionsinformationen erhalten, um an exakt zu bestimmenden Stellen in Knorpelgewebe zu diefferenzieren. Man kann allerdings zeigen, dass das konzentrationsab-hängige Interpretieren einer (Positions-) Information zur Bildung eines sichtbaren, räumlichen Musters führt. Uns sollen zunächst Computersimulationsmodelle genügen, die den Phänotypen des Biosystems darstellen. Dieserart ist beispielsweise das Modell nach Meinhard und Gierer, das auf der Basis eines durchaus komplexen Diffusionsansatzes für das räumlich verteilte Zweistoffsystem eine Reihe einfacher ontogenetischer Prozesse simuliert. Wie bereits oben schon kurz angesprochen, sind die im Modell parametrisierten Eigenschaften der Musterentstehung im Zweistoffsystem selbst einer Konditionierung zugänglich. Dem Ingenieur bietet dieser Umstand einn hervorragenden Ansatzpunkt. Das generierte Feld im Meinhardschen Modell steuert die Ausprägung bestimmter Vormuster (im Feld). Das Vormuster seinerseits löst Gestaltbildungsvorgänge aus. Setzt man nun an dieser Stelle eine Evolutionsstrategie zur lokalen Suche

---

Position im Gesamtsystem informiert. Wolpert hatte 1969 vorgeschlagen, daß jede Zelle einen Positionswert in Abhängigkeit von ihrer genetischen Konstitution und von ihrem jeweiligen Entwicklungszustand „interpretiert", d.h., ihr Entwicklungsschicksal und das ihrer Tochterzellen durch Änderung ihres Genaktivitätsmusters festgelegt wird. Alle Zellen in einem morphogenetischen Feld gehorchen demselben System von Positionsinformation.
Nach:http://www.spektrum.de/lexikon/biologie/positionsinformation/53238

der Parameter der Diffusion an, schließt sich der Kreis und das Modell eines Ontogenese- Evolutions- Szenario entsteht.

ENTWICKLUNGSMUSTER

In der wissenschaftlichen Bionik werden Phänomene der belebten Natur auf Technik übertragen. Hierzu sind Erkenntnisse über biologische Gestaltungsprinzipien in eine für die Entwicklung artifizieller Muster und Gestalt in eine für den Techniker verwertbare Form zu überführen. Fassen wir nun also die Kernaussagen der (phänotypischen) Extremitätenentwicklung bei Wirbeltieren am Beispiel der vorderen Gliedmaßen des Menschen zusammen: Die Extremität wird proximal nach distal in drei Regionen gegliedert: Oberarm (engl. Stylopod, lat. humerus), Unterarm (engl. Zeugopod, lat. antebrachium) sowie Hand/Fuß, Autopod (lat. autopodium). Der Oberarm ist der Stylopod, Elle (Ulna) und Speiche (Radius) der Zeugopod. Die Hand (Carpals und Metacarpals) mit Fingern (digits) sind der Autopod und damit die eigentliche Wirbeltierinnovation in der Extremität. Die Organisatorregion für proximo-distale Aus-bildung der Extremitätenknospe ist die Apikale Ektoderm Randleiste, AER. Sie ist das Signal-zentrum der Extremitätenentwicklung.

Die Zone polarisierender Aktivität, ZPA ist die Organisatorregion am posterioren Ende der Extremität; sie ist verantwortlich für die antero-posteriore Achsenbildung und deter-miniert Anzahl und Identität von Fingern. Das Morphogen ist ein diffusibles Molekül, das eine Organisatorregion determiniert, z.B. Retinsäure (RA) oder Sonic hedgehog (SHH). Morphogene bilden Konzentrationsgradienten aus und erwirken direkt oder indirekt eindeutige Zellantworten bei unterschied-lichen Konzentrationen.

Die Zelle kann die unterschiedlich starken bzw. zeitdauerunterschiedlichen chemischen Signale des Gradienten interpretieren und spezifisch darauf reagieren und unterschied-liche Gewebe ausdifferenzieren, wie etwa in Knochen-, Knorpel-, Muskel- oder Binde-gewebe. Die Entwicklung der (oberen) Wirbeltierextremität erfolgt entlang der proximo-distalen, der antero-posterioren sowie der dorso-ventralen Achse. Die Gestaltbildungsprozesse entlang dieser drei Achsen sind miteinander gekoppelt und in komplexerweise Weise verschränkt. Man unterscheidet die AER (apical ectodermal ridge), die das proximodistale Wachstum kontrolliert, die ZPA (Zone polarisierender Aktivität) für die antero-posteriore Achse sowie das Ektoderm der Knospe, das die dorso-ventrale Achse steuert. Die proximo-distale Achse reicht von der der Schulter zur Fingerspitze, die anterior-posteriore Achse vom fünften Finger zum

Daumen und die dorso-ventrale Achse von der Handinnenseite zur Handaußenseite.

Gesucht wird nun ein semantisches Konstrukt, das im Sinne der Bionik, das die Ergebnisse der Prälokation und Differenzierung der sich entwickelnden Verdebratenhand schematisiert derart, dass es für die Beschreibung artifizieller Konstruktionen taugt. Für das arbeiten an und das Entwickeln von technischen Konstruktionen ist eine Beschreibung der gegegenfalls dynamischen Vorgänge in generalisierten Koordinaten vorteilhaft. Eine Gelenkplatte beispielsweise, sei an ihrer Basis fest eingespannt. Drei Gelenke besitzen einen gemeinsamen Punkt im unteren Drittel der Platte. Ein Gelenk endet in der Struktur, die beiden anderen Gelenke enden an der Perepherie der Platte. Die dünne Platte sei in (n,n) beliebig (aber endlich) viele finite Elemente diskretisiert. Nennen wir dieses abstrakte Gebilde eine „kinematische Box". Die Struktur (die kinematische Box) ist nun einer technischen Analyse zugänglich. Es können Belastungskräfte wirken, beispiels-weise als Druck dem System aufgeprägt werden und die Systemantwort, das elastische Verhalten der Platte für unterschiedlkiche Gelenkplattentopologien studiert werden.

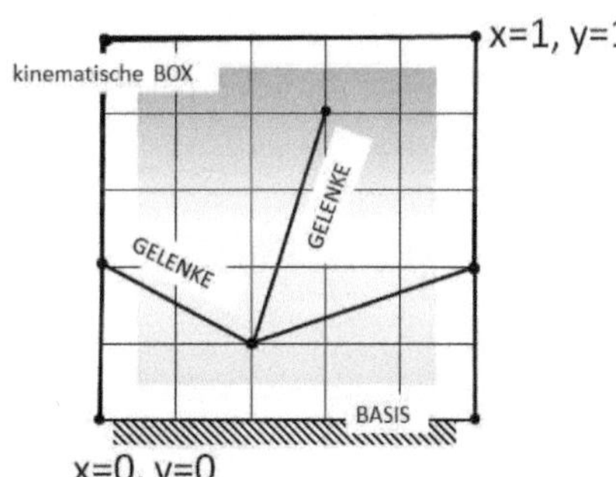

Abb. 3.   Kinematische BOX in generalisierten Koordinaten.

Dies für eine quadratische Platte zu tun, wäre aber vergleichsweise langweilig. Durch die Generalisierung der Koordinaten der Platte zwischen [0 < (x,y) <1] bekommt man nun aber die Möglichkeit mit geeigneten mathe-matischen Methoden das „Gelenkmuster" einer kinematischen Box auf nahezu beliebige Konturen zu transformieren und sie einer Verformungsanalyse zuzuführen. Beschränken wir uns zunächst auf flächenhafte Gelenk-struturen und homologe, die Topologie der Anordnung erhaltende, Transformationen.
Zu den Grundanforderungen an eine Transformationsmethode gehört Objekte in der Ebne zu verschieben, linear zu skalieren und zu rotieren. Solche

konturerhaltenden Transformationen begegnen uns im Alltag laufend und überall. Bei der Auswahl einer Koordinatentransformation erweist sich aber als unangenehm, wenn eine Liste aus Verschiebungen für jeden Punkt keinerlei Information über das Objekt enthält, das diese Konturpunkte repräsentieren. Es wäre eine große Aufgabe, einem Transformationsobjekt neben den Koordinaten der äußeren Kontur auch noch die „Bedeutung" und das „Design" der inneren Struktur, also des geographischen Milieus des Transformationsgebiets, einbeschreiben zu wollen. Aber genau dies müssen wir von der Transformationsmethode fordern.

Mit dem Übergang zu charakterisierenden Formen des inneren Milieus eines (strukturierten) Transformationsobjekts unter Verwendung der Konturkoordinaten kommt der Gedanke eines schrittweisen, iterativen Vorgehens auf. Position, Skalierung und Rotation verlieren auf lokaler Ebene dann an Schrecken, wenn diese Operationen Teil eines Transformationsgeschehens ist, das zwar genügend komplex und hochdimensional im Sinne der Anzahl der vertikalen und horizontalen Koordinaten in der zweidimensionalen Ebene ist,

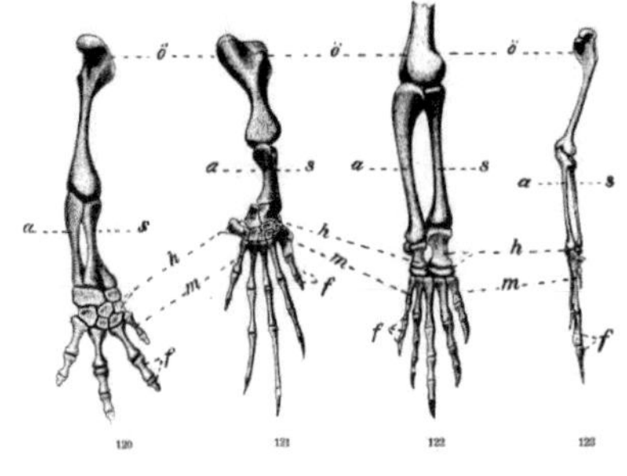

dafür aber in sehr kleinen kausal ausbalancierten Schritten abläuft und derart eine Formähnlichkeit (schrittweise) aufrecht erhält.

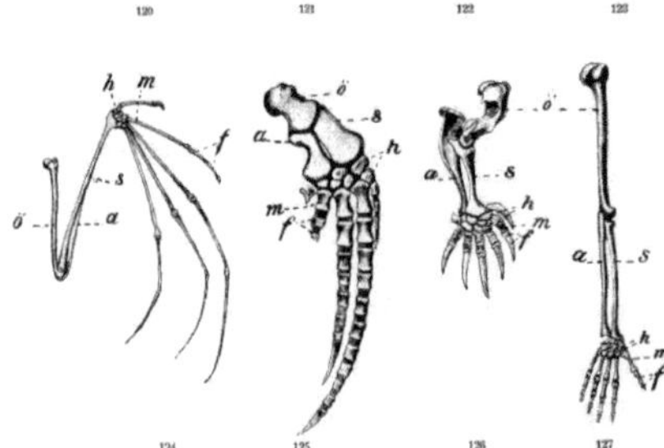

Abb. 4
Armskelett verschiedener Tierarten. o. von li.: Salamander, Schildkröte, Krokodil, Vogel; u. von li.: Fledermaus, Wal, Maulwurf, Mensch[7]

---

[7] Wilhelm Leche (1909) Comparative study of the skeleton of the arm. Original caption: Främre lemmens skelett fig. 120 af salamander, fig. 121 af hafssköldpadda, fig. 122. af krokodil, fig. 123 af fågel, fig. 124 af flädermus, fig, 125 af hval, fig. 126 af mullvad, fig. 127 af människa, ö öfverarmben, s strålben, a armbågsben, h handrotsben, m mellanhandsben, f fingerben. Deutsch: 120 Salamander, 121 Schildkröte, 122 Krokodil, 123 Vogel, 124 Fledermaus, 125 Wal, 126 Maulwurf, 127 Mensch. http://runeberg.org/lecheman/0102.html. From Wikimedia Commons, the free media repository.

Betrachten wir nun noch einmal die abstrakte Verdebratenextremität in Abbildung 1. In distaler Richtung kommt es zunächst zu einer Verdoppelung der Knochenanlage, dann zu einer Vervielfachung. Eine vereinfachende Regel zur Beschreibung der vorderen Extremitätenentwicklung könnte etwa so lauten: EINS, ZWEI, VIELE. Eins (HUMERUS) der Stylopod, zwei (ULNA und RADIUS) der Zeugopod, viele (CARPALS, METACARPALS und DIGITS) der Autopod.

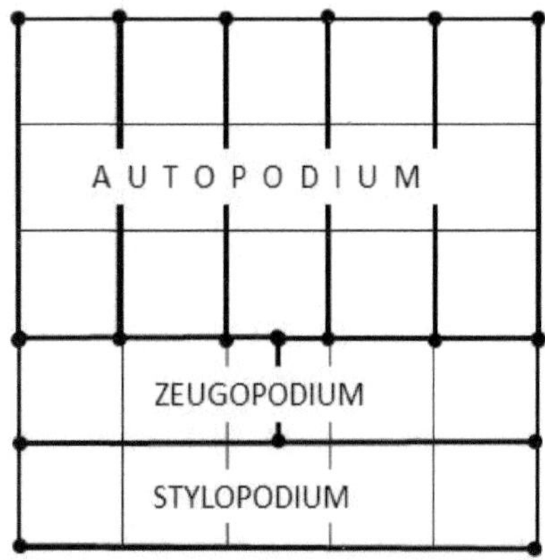

Abb. 5
Schema der rudimentären Verbraten-hand.

Bei rezenten Wesen hat der Autopod drei (Hühnchen-Flügel) bis fünf Elemente (Maus) entlang der antero-posterioren Achse. Finger und Zehen zeigen quasi-periodische Muster in Form der rapportiert angelegten Glieder entlang der proximo-distalen Achse. Es gibt keine rezente Wirbeltierart, die im Standard mehr als fünf Finger oder Zehen an einer Extremität hat. Die Extremitäten früher Saurierarten werden jedoch in manchen Fällen als Vielzähig, polydaktyl, interpretiert.

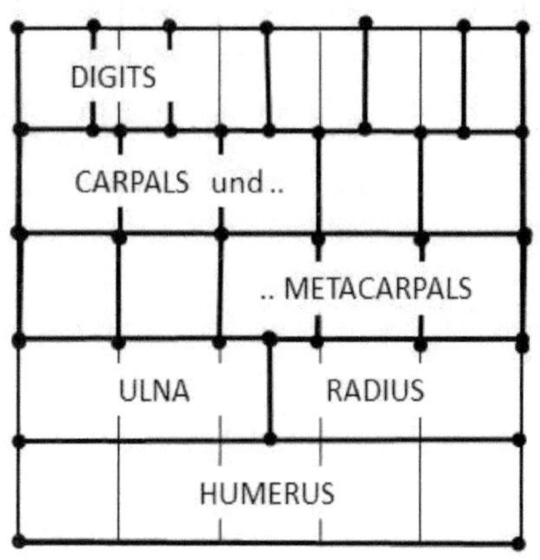

Abb.6
Schema der polydaktylen Verdebraten-hand.

Ganz offenbar existieren genetisch deter-minierte „Entwicklungsconstraints", welche eine größere Fingerzahl unterbinden und die Stabilität der Fünfzähligkeit wahren. Phylo-genetische Analysen früher Arten legen den Schluß nahe, dass Vögel als lebende theropode Dinosaurier anzusehen sind[8]. Funde mit reduzierten Anlagen des vierten und fünften Fingers belegen, dass die fünffingrigen Vorfahren der Theropoden verloren den vierten und fünften Strahl verloren. Aus der Sicht der vergleichenden Paläontologie werden deshalb die drei Strahlen des Vogelflügels als homolog zu den ersten drei Fingerstrahlen theropoder Dino-saurier bewertet.

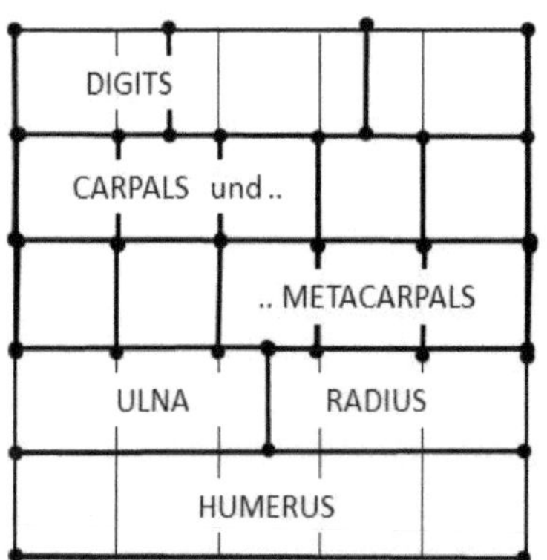

Abb. 7
Schema der undifferenzierten (CARPALS) Vorderextremität eines Universal-Vogels.

Für das Vorhaben CARPO kommt der Erforschung der ontogenetischen Entwicklung von Gliedmaßen bei Wirbeltieren und ihrer Systematisierung eine fundamentale Bedeu-tung zu. Die spezifisch-komplexe und gleich-zeitig modulare Anatomie von Flossen, Armen, Händen, Beinen, Füßen oder Flügeln stellt ein hervorragendes Modell der Übertragung biologischer Phänomene in artifizielle Systeme (Bionik) dar. Wenn es den Naturwissen-schaftlern gelingt, fundamentale entwick-lungsbiologische Fragen, wie beispielsweise die molekularbiologischen Grundlagen der Festlegung und der Realisierung des Bauplans der Wirbeltierextremität während der Em-bryonalentwicklung, zu klären, sollte es – auf der Basis methodischer Konstruktions-entwicklung – möglich sein, das kinematische Geheimnis der Belastungsadaption zu entslüsseln und auf Technik zu übertragen.

---

[8] ALEXANDER O. VARGAS and JOHN F. FALLON (2005) The Digits of the Wing of Birds Are 1, 2, and 3.
A Review. In: JOURNAL OF EXPERIMENTAL ZOOLOGY (MOL DEV EVOL) 304B (2005)

FISCHE

Vielleicht versuchen wir die Frage der intelligenten Mechanik besser bei Biosystemen (Wesen) zu beantworten, deren Gliedmaßen sich professionell mit fluidischen Leit-, Steuer- Manövrier- und Antriebsaufgaben beschäftigen oder beschäftigt haben, den Fischflossen.

Die Beschreibung des Ursprungs und der Evolution der der Vertebraten (Wirbeltiere) ist keinenfalls lückenlos und hat in der Vergangenheit unter Experten immer wieder zu heftigen Diskussionen geführt. Neue Fossilien, die phylogenetische Analyse und verbesserte Methoden führen auf Entwicklungs-modelle, mit denen Körperfunktionen − und in unserem Fall interessieren Körperkinematiken − verständlich gemacht werden können. Ein wichtiger Baustein im Verständnis der paarigen Extremitäten, insbesondere der „händigen", fluidmechanisch wirkungsvollen Flossen ist ihre semantische Verortung und Anordnung im Gesamtskelett der Wirbeltiere. Das Körperskelett hat die Funktion, die Eingeweide zu schützen, verschiedene Mineralien zu speichern, eine Serie fester gelenkiger (Skelett-) Elemente zu bilden und dem Körper eine gewisse Steifheit zu verleihen. Das zentrale organisatorische System, die Wirbelsäule, ist älter als jeder andere Teil des postcranialen Skeletts mit Ausnahme der Chorda dorsalis („Rückenseite"; von lat. chorda und dorsum), ist das ursprüngliche, mesodermale, innere Achsenskelett aller Chordatiere und ist für diese das namensgebende Merkmal).

Die Phylogenie der Gliedmaßenentwicklung der Wirbeltiere ist nicht voll-ständig. Es gibt Hinweise darauf, dass der ursprüngliche (aquatische) Vertebrat einen Saum von seitlichen Flossenpaaren beginnend bei den Kiemen bis in die hintere Körperregion entwickelt hat. Fossilbelege legen den Schluss nahe, dass moderne Fische das phylogenetische Konzept des Flossensaums ihrer Vorfahren übernommen haben. Experimente zur Induktion von Extremitäten an der Amphibienlarve weisen außerdem darauf hin, dass sich Gliedmaßen der Verdebraten immer dort bilden, wo (die kontinuierlichen) Flossenfalten postuliert werden.

Die (paarigen) Dorsal und Analflossen dienen der Stabilisierung des Wesens in Fahrt und verhindern, dass sich der Körper um die Vertikalachse (gieren) und die Longitudinalachse (rollen) dreht. Wahrscheinlich war der ursprüngliche (morphologisch-konstruktive) Zustand, dass jede Flosse innerhalb der Körper-kontur durch eine Anordnung stabähnlicher aber anfangs segmentierter „Radialia" unterstützt wurde. Die segmentale Anordnung ging im Laufe der

Evolution verloren. Die frühesten paarigen Flossen hatten eine breite Basis, so dass der Proximale teil (zum Körper hin) oft wesentlich größer als der distal gelegene (nach außen zeigend) war und Basale (aus der Basis hervorgehend) genannt wird. Die sichtbare Membran der Flossen wurde von dermalen Schuppen geschützt. Die flossen höher entwickelter fische wurden innen durch eine Reihe schlanker flossenstrahlen gestützt. Die Flossenstrahlen der Knorpel- und der Knochenfische unterscheiden sich von einander und werden von Schuppen abgeleitet. Später wurde di Basis der Flosse verkleinert, was ihre Beweglichkeit verbesserte. Die Basalia vergrößerten sich, ihre Anzahl wurde geringer und in den Rand der Flosse einbezogen.

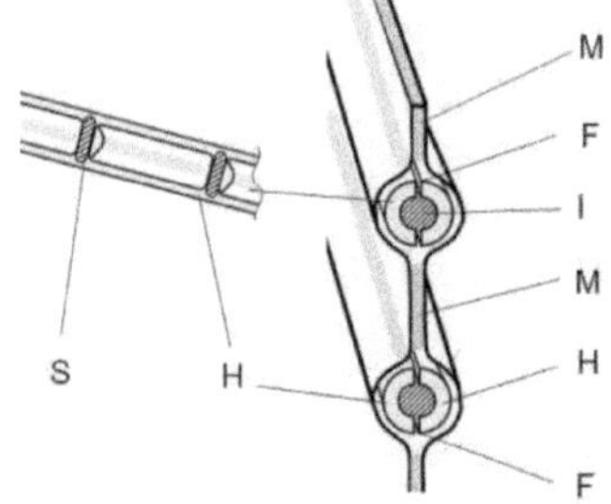

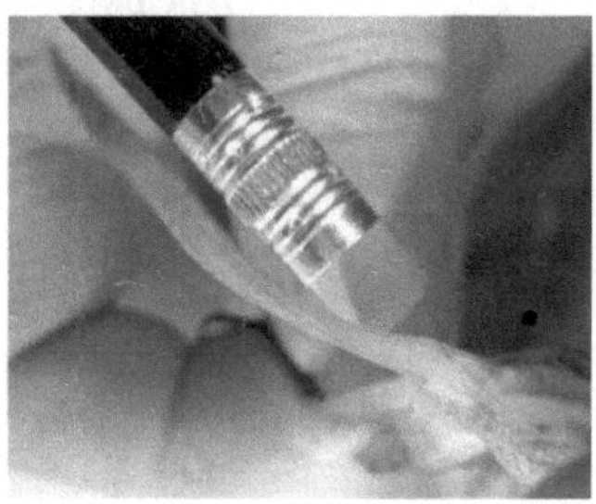

Abb.8 und Abb.9: Flossenmembran mit Flossenstrahlen (schematische Darstellung) Steg S, Halbtube H, Membran M, Fuge F und Inlet I. Abbildung rechts: Das nichtortho-doxe Beaufschagungs-Bewegungs-Gebaren einer Makrelenfinne.

Die Flossen der rezenten Fische bestehen aus einer Membrantragfläche (Flossenhaut), die durch Flossenstrahlen nichtisotrop stabilisiert ist. In der Muskulatur werden die Flossenstrahlen mit Flossenstrahlträgern verankert. Die morphologische Konstruktion der Flosse stellt eine ausgewogene Kombination aus Steifigkeit und Flexibilität dar und ermöglicht dem Lebewesen eine fein abgestimmte hydrodynamischen Interaktion mit seiner Umgebung. Die Flossenstrahlen der Knochenfische werden nach Stachelstrahlen (hart) und Gliederstrahlen (weich) unterschieden. Hartstrahlen sind ungegliederte, meist glatte Knochenstückchen, Weichstrahlen bestehen aus zwei miteinander verwachsenen Hälften.

Man muss sich die Flossenstrahlen der Fischflosse wie zwei in einem gewissen Abstand mit Stegen S verbundene, gegliederte Halbtuben H vorstellen. Das

Halbtubensystem besitzt ein galertes Inlet I, das den Raum zwischen Halbtuben und Stegen füllt. Die Membran M ummantelt die Halbtuben, die an Fugen F bedingt aufeinander gleiten können; schematische Skizze in Abb.8. Fischflossenstrahlen sind bilaterale Strukturen. Die beiden Hälften eines jeden Strahls können aneinander gleiten. Die Verschiebebewegung erfolgt als Reaktion äußerer Belastung und/oder wenn die Basen des Flossen-strahlensystems die Flossen-muskeln an der Wurzel der Flossenstrahlen bewegt werden. Die umgebende Membran (Flossenhaut) bildet Taschen aus, welche die Halbtuben der Flossenstrahlen ummanteln und diese zu einem kompakten Quasi-Rundmaterial fügen und radial stabilisieren. An den Stegen S sind die beiden Halbtuben mechanisch miteinander verkoppelt. Membran mit Membran-taschen und Tubensysteme, respektive Flossenhaut und Flossenstrahlen bilden eine dreidimensionale Tragfläche mit anisotropen Eigenschaften aus.
Die Fluid-Struktur-Wechselwirkung beim Impulsaustausch mit dem Fluid über die Membrantragfläche der Fischflosse, kann produktiv oder generativ sein. Bei einer produktiven Wechselwirkung arbeitet die Flossenmembran als Krafttragfläche und koppelt Energie aus der Strömung in die Membran ein. Bei einer generativen Fluid-Struktur-Interaktion wirkt die Flossenmembran als Arbeitsfläche und koppelt Energie aus der Struktur in das Fluid ein. Produktion und Generation können in einem zeitlich-örtlich ineinander verschränkten, komplexen Gesamtgeschehen stattfinden.

Anders als in der Technik, wo der Energie- und Informationsaustausch an Kraft- und Arbeitstragflächen vergleichsweise eindeutig beschrieben und zugeordnet werden kann, stellen sich biologische Tragflügelkonstruktionen als komplexe, zur Rückkopplung und zur Adaption fähige Multifunktionssysteme dar. Diese sind optimiert und in der Lage, ihre fluidische Umgebung zu kontrollieren, gestaltend auf sie einzuwirken und sie für ihre Transport- und Mobilitäts-belange zu konditionieren derart, dass das Lebewesen den zeitlichen Ablauf seiner Körperbewegung so auszuführt, dass der genezierte Wirbel die in seiner Umgebung vorgefundenen Struktur vorteilhaft ergänzt. Dabei haben Periodizität, Frequenz, Phase und Drehrichtung der von in einer Strömung zu einer Flossenmembran transportierten Wirbelgebilde erheblichen Einfluss auf die Qualität der Fluid-Struktur-Wechselwirkung mit der Flossenmembran.
Grundsätzlich sind Fische in der Lage, mit den Flossenmuskeln an der Wurzel der Flossenstrahlen aktiv die Krümmung jedes einzelnen Flossenstrahls zu steuern und damit die Krümmungsgeomertrie der gesamten Membran in einer sehr komplexen Weise zu formen. Die entscheidende kinematische Eigenschaft

der Flossenstrahlen durchsetzten Flossenhautmembran, eine so genannte "nichtorthodoxe Belastungs- Verformungs-Wechselwirkung (NOB)" auszuführen, beruht auf den in einem regelmäßigen Rapport durch Stege verbundenen und durch die Flossenhaut radial gebundenen Halbtubensystemen. Unter einer horizontal zur Hauptachse des Wesens und damit senkrecht auf die Tubensysteme wirkenden Streckenlast führen die Flossenstrahlen eine elastische, konkave Verformung aus, deren Krümmung der Belastungsrichtung entgegengerichtet ist. Gewohnt, rein intuitiv einer so einfachen Balkenlast ein konvexes Ausweichen zuzuordnen, erscheint uns dieses konkave Belastungs-Verformungs-Regime auf den ersten Blick paradox. Ist der Impulsaustausch an der Membranoberfläche der Finne sehr groß, verhält sich das biologische System biegeflexibel, nachgiebig- elastisch und kann einer nichtaxialen Anströmung ausweichen. Die Beaufschlagungs- und Form-änderungs- Wechselwirkung korreliert mit der Richtung der beaufschlagenden Kraft im Sinne eines konventionellen Belastungs- Verformungsregimes. Sich konventionell verformende Bauteile verhalten sich also mechanisch „orthodox". Im Normalbetrieb (technisch gesprochen: "Auslegungsbereich des Strömungsbauteils") zeigt die Fischflosse ein mechanisch nichtorthodoxes (NOB), ja paradoxes Verformungsgebaren: die eine der Krafteinleitungs-richtung entgegenwirkende Verformung realisieren paradoxe Beaufschlagungs- Formänderungs- Interaktionen. Die Erkenntnisse über das anatomische Design, die Funktionen und insbesondere über das Beaufschlagungs-Bewegungs-Gebaren der Fischflosse sind derzeit noch unvollständig.

WALE

Eine große Zahl der Wesen, die im Wasser leben sind Wirbeltiere. Im Laufe der biologischen Evolution haben einige landlebende Säugetiere eine aquatische Lebensform entwickelt. Der Ambulocetus („laufender Wal") etwa, ist eine Gattung erster Wale (Cetacea) aus der Zeit des frühen Eozän (etwa vor 50 Millionen Jahren). Ambulocetus konnte sowohl laufen als auch schwimmen. An seiner Anatomie, die auf diese amphibische Lebensweise deutet, zeigen Paläontologen heute, dass sich Wale aus (wahrscheinlich eher kleinen) landlebenden Säugetieren entwickelt haben. Der Beckengürtel der nun in der weiteren evolutiven Entwicklung die Meere bevölkernden Säugetiere bildete sich schrittweise zurück. Die Extremitäten formten sich um und passten sich in ihren Funktionen der neuen, der aquatischen Lebensweise an. Arme und Hände wandelten sich zu Seitenflossen (Flipper), der gesamte Körper der Walartigen wurde stromlinienförmig und bildete neue Körperteile aus, wie beispielsweise Rückenflossen.

Wir sehen heute nur einen punktuell entschlüsselten Ausschnitt der evolutiven Entwicklung und die Ermittlungsziele der rezenten Forschung decken sich nur in seltenen Fällen mit jenen der an Anwendungen orientierten Bionik. Dennoch sind einige prinzipielle Hinweise extrahierbar. Die gesamte konstruktive Morphologie der modernen Wale und Walartigen ist eine ständige Referenz an die an das Landleben angepassten Vorfahren. So werden die Hände moderner Delfine nicht nur zum Manövrieren eingesetzt, sondern dienen auch als wichtige Tastorgane im sozialen und sexuellen Umgang mit Artgenossen.

Die Delfinhand ist das Extrembeispiel der funktionalen Ausdifferenzierung einer fluidmechanisch wirksamen Leit-, Steuer- und Antriebstragfläche aus dem ohnehin schon extrem komplexen Bewegungsorgan eines Landlebewesens heraus, welches im Laufe der biologischen Evolution eine aquatische Lebensform (wieder-) angenommen hat.

Da die Präparate der Hände der Delfine und anderer Walartigen in den meisten Sammlungen anderen Zwecken dienen als der Analyse von Bewegungen und der Darstellung ihrer komplexen Kinematik, kommt der Extraktion des kinematischen Lösungs-Prinzips dieser biologischen Getriebe, der Entschlüsselung des Wechselwirkungsgeschehens seiner Gelenkelemente und der Entwicklung einer technischen Interpretation des biologischen Prinzips eine gewisse (Bringe-) Bedeutung zu. Im Vorfeld der Gestaltung kinematischer Surfboardfinnen mit intelligenter Mechanik, i-mech, sind funktionale, hier kinematische Lösungsprinzipien der avisierten Konstruktion zu diskutieren. Das Lösungsprinzip ist ja ein wichtiges Arbeitsergebnis der frühen Phase der industriellen Produktentwicklung. Vor einigen Jahren bestand im Rahmen eines Forschungs- und Entwick-lungsprojekts mit einem Industriepartner für uns Mitarbeiter der Bionic Research Unit der Beuth Hochschule die Aufgabe der Gestaltung (und im Vorfeld des Vorhabens der Patentierung) einer beweglichen Stabilisatortrag-fläche von Seefahrzeugen mit intelligenter Mechanik, i-mech. Nach einigen Projekten der erfolgreichen Forschungslinie i-mech formulierten wir ein formales Gestaltungsprinzip für Leit- und Steuertragflächen mit „nichtortho-doxer   Beaufschlagungs-Bewegungs-Wechselwirkung   (NOB-Fin) nach dem Vorbild biologischer Flossenstrahlen . Es folgten weitere Vorhaben über Leit- und Steuertragflächen sowie Konstruktionen für Vorleitapparte von Axialpumpen nach dem Flossenstrahlenprinzip.

Betrachten wir es mal als einen merkwürdigen Zufall, dass die Entwicklung innovativer der Leit- und Steuertragflächen mit „intelligenter mechanik, i-mech" mit der Beschäftigung Analyse der Kinematik der Fischflossen (NOB) seinen Anfang nimmt (ab 2000), in der Forschungslinie CARPO (ab 2011) seine Fortsetzung findet und nun rezent auf die Entwicklung strömungsadaptiver Surfboardfinnen führt.

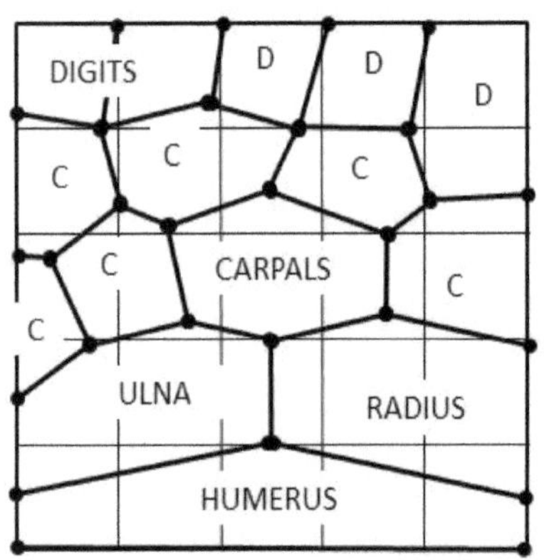

Abb. 10
Vereinfachtes Schema einer fünfzähligen, ausdifferenzierten (CARPALS) Vorder-extremität.

AUS DEM WASSER AUF DAS LAND

Heute weiß man, dass sich Tetrapoden im oder nahe dem Süßwasser entwickelt haben; mit ihren starken Flossen konnten sie Nahrung an Land finden und aquatischen Feinden entkommen. Fossilien amphibienähnlicher (panderichthyider) Fische und fischähnlicher (ichthyostegider) Amphibien lieferten Deutungsmodelle für die Entwicklung der Flossen hin zu einem für das Leben auf dem Festland geeignetem Bein. Die allmähliche Verwandlung der Flossen zu Gliedmaßen verlangte einen morphologischen Umbau, den Verlust der Flossenstrahlen und die Ausbildung von Fingern. Die Beine der tetrapoden haben eine Vielzahl von komplizierten Funktionen. Die Anhebung des Körpers verlangte eine laterale Ausrichtung des (frühen) Beins.
Der Übergang aus dem Wasser an das Land ist Gegenstand der einschlägigen Literatur. Einer breiten Öffentlichkeit wurde die Geschichte des Gestaltwandels durch den Fund (1986) des „Tiktaalik roseae" der tatsächlich schon ein Handgelenk (wrist) besaß und das wunderbare Buch „Your inner Fish" des amerikanischen Paläontologen Neil Shubin zugänglich. Die Knochen des Handgelenks bilden den Carpus. Die unterschiedlichen Skelettmuster der

Tetrapodenhände variieren die ursprünglichen Muster durch Weglassen und Verschmelzen. Diese Vorgänge werden aus Untersuchungen der Embrionalentwicklung (rezenter) Wesen abgeleitet. Das Skelett der Wirbeltierhände bildet sich aus knorpeligen Elementen innerhalb der sich entwickelnden Gliedmassenknospe.

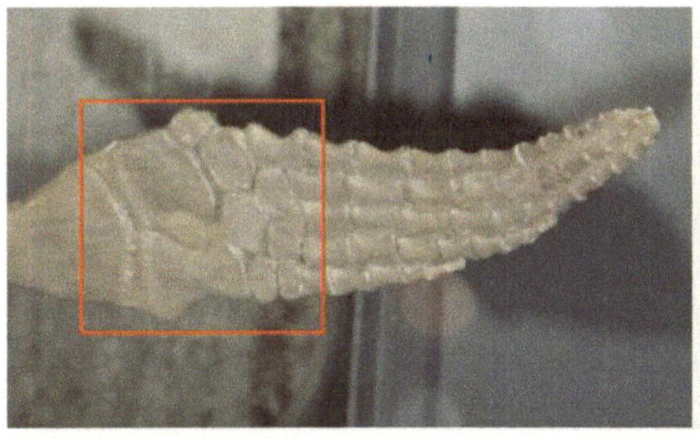

Abb.11 und Abb.12: Präparat einer „modernen" Delfinhand. Naturkundemuseum Berlin, Mi. Dienst 2013.

Die Elemente entstehen in einer Reihenfolge (Linie blau gestrichelt) von proximal nach distal aus Vorläuferelementen, die dem Weg folgen, der durch schwarze Linien dargestellt ist. Wichtig in diesem Zusammenhang ist die (relativ neue) Erkenntnis, dass die Finger der Wirbeltierhand nicht durch eine Umwandlung postaxialer Radialia (der evolutionsgeschichtlich vorausgehenden Fischflossen) entstanden. Vielmehr sind Finger eine Neuerfindung der Tetrapoden.

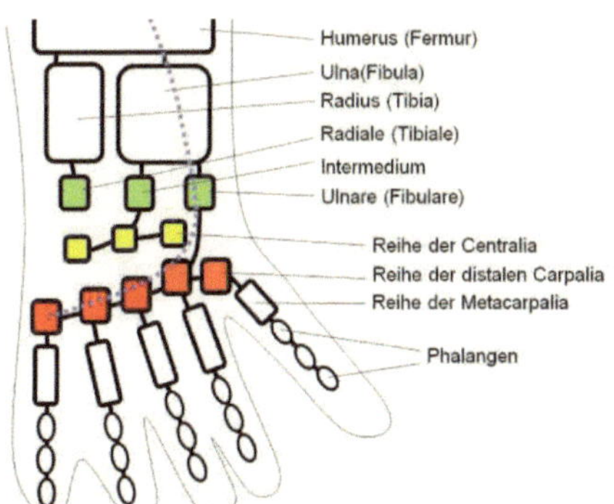

Abb.13: Organisation und Prinzip der Entwicklung des Extremitätenskeletts der Tetrapoden. Schematisch nach Schubin: ontogenetische Entwicklungsachse gepunktet gezeichnet.

Die Skelettbaupläne der (Fuß- und der) Handwurzel der Wirbeltiere variieren ein gemeinsames Grundmuster; Gestaltänderung erfolgt insbesondere durch Skalierung und Reduktion. Bei modernen Vögeln (und ihren vermeintlichen Vorfahren, den Sauriern) sind die Variationen der Handwurzelknochen am weitesten fortgeschritten.

Die Skizze Abb.13: zeigt schematisch das Entwicklungsprinzip des Extremitätenskeletts der Tetrapoden, Abb.14 einen Teil der hinteren Extremität eines Kentrosaurus. Werden im Grundmuster der Wirbeltierhand (~Fuß) noch jeder einzelne Finger (~Zeh) explizit aus der Reihe der distalen Carpalia der Mittelhand bedient, setzen beim Saurierfuß Ulna (Fibula) und Radius (Tibia, oben und Mitte rechts, Abb.8) nur auf wenige degeneriert verbliebene Mittelhandelemente auf. Die Abbildung Abb.15 zeigt die Hand eines rezenten Semi Aquatiaten (Seelöwen) und macht das besondere Problem bei der Präparation des Mittelhandknochensystems höherer Säugetiere deutlich: in den permanenten Sammlungen der Museen stößt die Darstellung komplexer Knorpel-Sehnen-Knochen-Kollektive in aller Regel auf technische Grenzen. Wir sehen: Ulna und Radius (oben und Mitte links, Abb.15) sind schlank und finden – sehr ähnlich der menschlichen Hand - einen hoch-differenzierten kinematischen Anschluss an das Mittelhandknochen-system; die fünf beweglichen Finger besitzen drei Segmente.

Auf den ersten Blick scheinen Arme und Hände des Menschen wenig mit den Brustflossen der Fische verwandt. Doch auch hier erscheint eine Variation des generalen Grundmusters der Verdebratenhand. Das Handgelenk des Menschen wird von den Morphologen schematisch als ein verzahntes Scharniergelenk (Articulatio ginglymus) beschrieben. Wegen seiner räumlich gewölbten Form und bedingt durch Bänder und Gelenkkapseln ist die Beweglichkeit begrenzt.

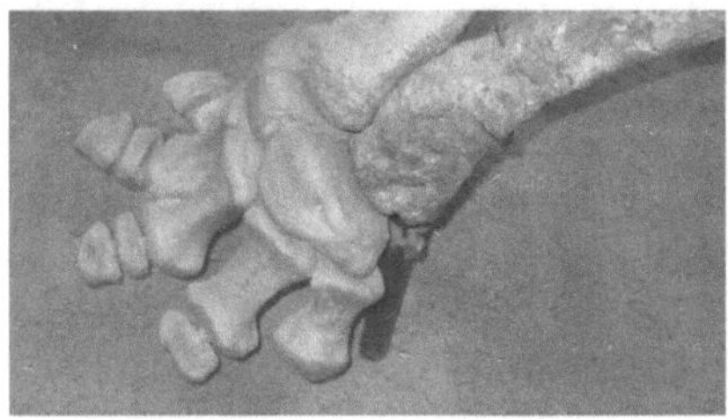

Abb.14: Präparat eines Saurierfußes (Kentrosaurus). Naturkundemuseum Berlin, Mi. Dienst 2013.

Die Interkarpalgelenke (Articulationes intercarpales) bezeichnen die gelenkigen Verbindungen der Handwurzelknochen einer Reihe untereinander. Sie sind so genannte Wackelgelenke (Amphiarthrosen), die durch zahlreiche Bandzüge versteift und kaum beweglich sind. Die Karpometakarpalgelenke bezeichnen die Verbindung der distalen Handwurzelknochen mit dem zweiten bis fünften Mittelhandknochen (Articulationes carpometacarpales). Beim Menschen werden sie nicht direkt dem Handgelenk zugeordnet, bei Tieren jedoch stets zum Vorderfußwurzelgelenk gerechnet.

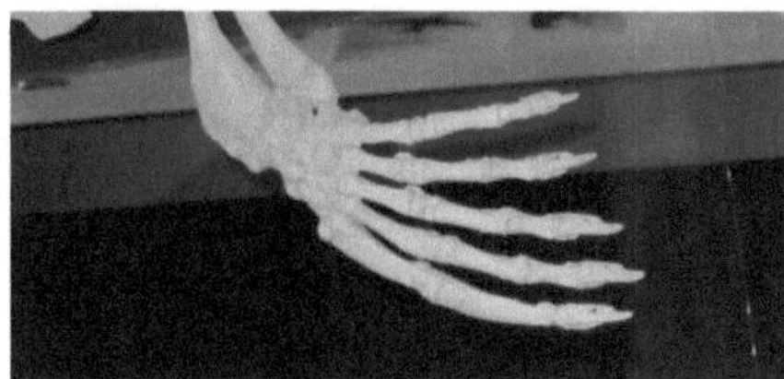

Abb.15: Präparat einer modernen Seelöwenhand. Naturkundemuseum Berlin, Mi. Dienst 2013.

VOM LAND ZURÜCK INS WASSER

Ichthyosaurier[9] (griechisch: ichthys="Fisch" und sauros = "Echse") waren Reptilien und gehörten damit zu den Landwirbeltieren. (vor 251,2 bis 93,9 Mio. Jahre). Als sie am Übergang vom Jura zur Kreidezeit ausstarben, waren einige ihrer Art wieder zum (sekundären) Leben im Wasser übergegangen. Das erste Skelett eines Ichthyosauriers wurde durch die damals 12 jährige Mary Anning im englischen Lyme Regis gefunden. Damals, 1811 waren Dinosaurier noch unbekannt. Der Ichthyosaurier wurde zunächst für einen Fisch gehalten, aber sein Skelett trug eindeutig Merkmale eines Landlebewesens; ein Wasserlebewesen mit „Händen"! Die Forscher der damaligen Zeit waren verwirrt. Wie bei Fischen ist ihr Schädel nicht fest mit dem Schultergürtel verwachsen aber in ihren Flossen lassen sich Ober- und Unterarmknochen, Handwurzelknochen und Fingerknochen unterscheiden, wenn auch mit erheblichen Anpassungsformänderungen gegenüber den Gliedmaßen der anderen Wirbeltiere. Prinzipiell sind die flossenartigen Extremitäten der Ichthyosaurier homolog zu denen der übrigen Wirbeltiere. Die Frage der

---

[9] Ichthyosaurus war ein basaler Vertreter der Thunnosauria, einer Untergruppe der Ichthyosaurier. Als nahe Verwandte gelten Stenopterygius sowie die Ophtalmosauridae, die unter anderem Ophthalmosaurus und Platypterygius umfassen. Nach: https://de.wikipedia.org/wiki/Ichthyosaurus

Vielfingrigkeit ist nicht eindeutig zu beantworten. Zuerst vermehrten sich die Fingerknochen (Hyperphalangie), dann verschwand der erste der fünf Finger (Daumen) und später kam es an beiden Seiten der verbleibenden Finger zu einer Vermehrung der Finger (Polydaktylie).

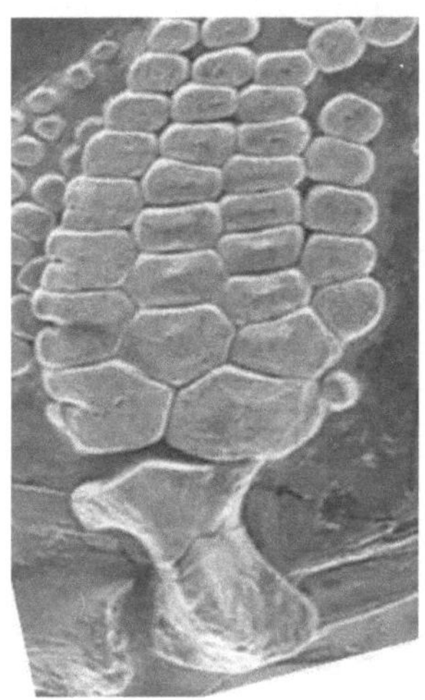
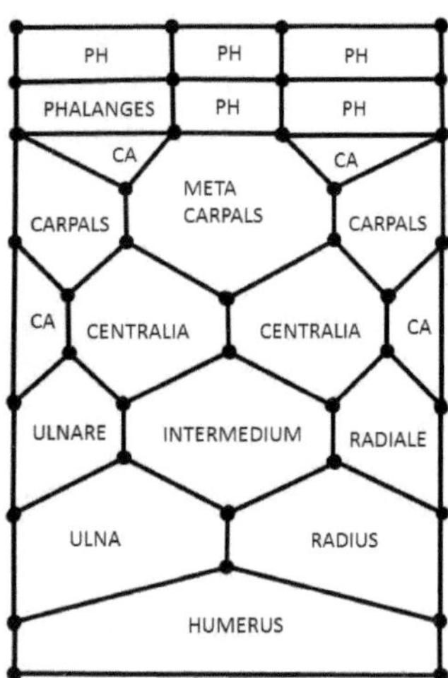

Abb.: 16 Vordere Extremität des Ichthyosaurus (links) und abstraktes Fugenschema. Mi. Dienst 2017.

Bezeichneten wir oben die CARPO-Finne als Gelenk-„Platte", so ist der Arm der Ichthyosauren eine wunderbare Konstruktionsvorlage für einen dieserart zweidimensionalen artifiziellen Strömungskörper, für eine Leit- und Steuertragfläche im technischen Sinn. Denn die Vordergliedmaßen der Ichthyosaurus wurden wahrscheinlich nur zur Stabilisierung, Steuerung und Richtungsänderung benutzt, während der Vortrieb (bei primitiven Formen) durch aalartiges Schlängeln, oder (bei höheren Formen) durch Schläge mit der Schwanzflosse erfolgte. Darauf weist der zu anderenren Wirbeltieren eher filigrane Schultergürtel der sekundär aquatiatischen Ichtiosaurier hin. Es sollte noch etwa 50 Millionen Jahre dauern, bis eine andere Tierart die Verbindung zum Landleben vollständig aufgeben sollte.

Die Skelette der Vordergliedmaßen der Wale (Cetacea) und Walartigen tragen den typischen Aufbau der Säugerhand. Der Oberarm ist kompakt, Fibula und Tabia sind verflacht. Die Finger sind verschieden lang, tragen 4 bis 12 Segmente und können sogar innerhalb eines Individuums unterschiedlich sein. Bei einigen arten werden die Mittelhandknochen überhaupt nicht ausgebildet. Der Differenzierungs- und Formbildungsprozess der Hände der Wale und Walartigen kann je nach Art weit in das Erwachsenenalter reichen. So finden wir in den Sammlungen ein heterogenes Bild der Walhände: von verknorpelten Elementen um ein verknöchertes Zentrum herum bei jüngeren, bis zu vollkommen verknöcherten Systemen und verwachsenen Ober- und Unterarm bei alten Tieren. Die modernen Wale entwickelten sich vor 30-40 Millionen Jahren. Entwicklungsmorphologen sind sich heute nicht mehr so ganz sicher, ob primitive Huftiere des Eozäns die Urväter modernen Wale (Cetacea) und Walartigen waren. Neuste Untersuchungen legen die Vermutung nahe, dass Fleisch fressende Urhuftiere, die in ihrer Gestalt Wölfen ähnelten, zur Jagt mehr und mehr Küstengewässer, Flussmündungen und das Meer aufsuchten und eine aquatiate Lebensform annahmen. Der früheste bekannte Urwal (Pakicetus) lebte vor etwa 53 Millionen Jahren. Sein Schädel weist (noch) große Gemeinsamkeiten mit denen der Landtiere auf. Nach und nach wandelt sich im Laufe einer einzigartigen Evolutionskampagne das Skelett des Säugetiers und es entwickelt eine stromlinienförmige Körperkontur, der Verlust seines Haar-kleides geht einher mit der Ausbildung der wärmedämmenden und strömungs-elastischen Speckschicht (Blubber), die Vordergliedmaße bilden sich zu Flossen (Flippers) um, Hintergliedmaße und Beckengürtel bilden sich zurück. Fluke und Finne sind Neuerfindungen in der Phylogenie der Meeressäuger. Die letzten Urwale verschwinden vor rund 30 Millionen Jahren und sehr rasch entwickeln sich die modernen Wale mit den beiden Unterordnungen der Barten- und Zahnwale.

Der kleine Exkurs in die Wunderwelt der Wirbeltierhand hinterlässt uns verblüfft und voller Respekt vor der funktionalen Kompliziertheit dieser biologischen Multiplex-Getriebe. Aufgabe der Bionik wird nun sein, über abstrakte Lösungsprinzipien für performante, technische Lösungen zu spekulieren. Und bei einer Spekulation (von lat. speculari spähen, beobachten) muss es in einem ersten Hub der Entwicklung von Kraft- und Arbeitstragflächen nach dem Vorbild der Verdebratenhände leider auch bleiben. Die vor-angegangenen Ausführungen zeigen deutlich, dass wir weder über genügend bewegliche Präparate, im Sinne biologisch-kinematischer Funktionsdemonstra-toren, verfügen, keine Computermodelle besitzen, noch die Arbeitsergebnisse anderer Disziplinen, etwa der analytischen Biologie oder der Paläontologie in einer für eine Übertragung in Technik geeigneten Form vorliegen.

So zumindest stellt es sich heute da. Das ist keineswegs als Kritik an den naturwissenschaftlichen Disziplinen zu verstehen, sondern als Aufforderung eine offensichtliche Lücke im Erkenntnisgebäude durch Erforschung der biologischen Phänomene einerseits und der gestalterischen Grundlagen auf der Seite der Technikwissenschaften zu schließen. Die Materie ist unübersichtlich und das größte Arbeitspacket liegt vor der Tür der Ingenieure. So ist beispielsweise das Beaufschlagungs-Bewegungsgebaren räumlicher Komplexgetriebe aus diskreten Gelenken und strukturelastischen Elementen wenig erforscht. Die Kinematik der Wirbeltierskelette werden wir erst in vereinfachten Modellen verstehen.

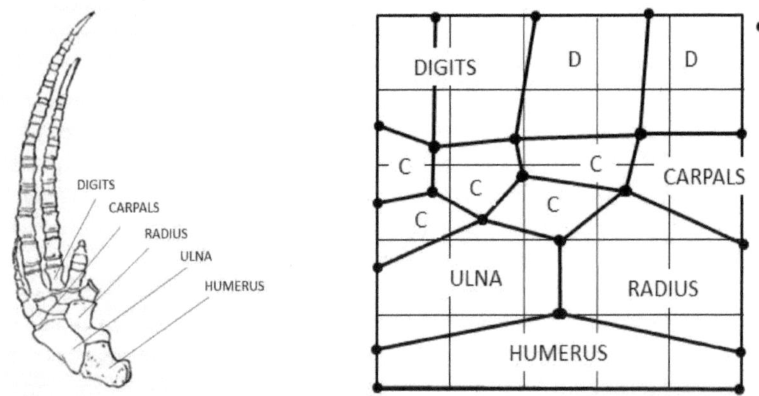

Abb.17: Hand eines Schweinswals in schematischer Darstellung[10] (links) und als abstraktes Fugenbild.

Auf der Seite der avisierten biologischen Vorbildern für räumliche Getriebe herrschen beschreibende, ordnende, und in erster Linie qualitative Analyseergebnisse vor. Im gerade erwachsendem Biomedical Engineering dient die Simulationssoftware AnyBody zur Analyse dynamischer Körpermodelle, inklusive Muskelelemente, elastischer Energien in Sehnen, antagonistischer Muskelreaktion und anderer muskuloskelettalen Simulationen bislang ausschließlich humanoider Körper. Eine Survey-Studie ergab, dass derzeit die Simulation der Kinematik der Mittelhandknochensystems nicht oder nur in extrem vereinfachenden Modellen möglich ist. Die Bioniker warten ohnehin

---

[10] Abb.10: Hand eines Schweinswals in schematischer Darstellung; nach: Seeley, H. G. (2011) Dragons of the Air, An Account of Extinct Flying Reptiles, ISO-8859-1. In: https://archive.org/details/cu31924003932591.

ungeduldig auf das Programmsystem AnyAnimal . Die prinzipielle Kinematik der Wirbeltierskelette werden wir aber in vereinfachten Modellen verstehen.
Die Graphiken dieses Aufsatzes versuchen eine erste Schematisierung des Komplexgetriebes der Wirbeltier-Mittelhand. Mit einer abstrakten Sichtweise lassen sich prinzipielle Getriebeanordnungen extrahieren.

Für unsere späteren Überlegungen ist in erster Linie die Region der Mittelhand (CARPALS, METACARPALS und DIGITS) der Autopod von Interesse. Obwohl das Extremitätenskelett eines Wirbeltieres durch eine definierte Zahl von Knochen mit einer jeweils charakteristischen Größe und Form in einer festen räumlichen Anordnung gekennzeichnet ist und gleichermaßen die vergleichede Anatomie der Verdebratenhand seit Jahrhunderten auf der Agenda der Heilenden und der Forschenden steht, erscheint einem Nichtbiologen der Autopod in Form und Funktion als überwältigend komplex. Die Mittelhand-knochen der Wirbeltierhand CARPALS, METACARPALS sind namensgebend für das Forschungsvorhaben CARPO.

Bibliographie und weiterführende Literatur

[Con96]   Conway, J. H., Guy, R. K., (1996) The Book of Numbers. New York: Springer-Verlag, pp. 283-284,
[Cal02]   Calistrate, D.; Paulhus, M; Wolfe, D. (2002) On the Lattice Structure of Finite Games. In: More Games of No Chance. Cambridge: Cambridge University Press: 25-30.
[Die 16-9] Dienst, Mi. (2016) THE ORIGIN OF BIOLOGICAL COMPLEX GEAR, Design Intent regarding Surfboard fins with "Intelligent Mechanics, i-mech". GRIN-Verlag GmbH München, ISBN(e-Book): 9783668264779, ISBN(Buch): 9783668264786
[Die09-8]   Dienst, Mi.(2009) Synthetische Muster für lokale Suchalgorithmen. GRIN-Verlag GmbH München. ISBN (E-Book): 978-3-640-49616-7, ISBN: 978-3-640-49633-4
[Die09-7]   Dienst, Mi.(2009) Algorithmen zur Musterverarbeitung in Optimierungsstrategien nach dem Vorbild der biologischen

Signaltransduktion. GRIN-Verlag GmbH München. ISBN (E-Book): 978-3-640-49615-0, ISBN: 978-3-640-49632-7

[Die09-3]   Dienst, Mi.(2009) Artifizielle Evolution Heute. Optimieren nach dem Vorbild der Natur. GRIN-Verlag GmbH München. ISBN: 978-3-640-39858-4. ISBN (E-Book): 978-3-640-39834-8

[Die09-1]   Dienst, M., (2008) Musterverarbeitung in Optimierungsstrategien nach dem Vorbild der biologischen Signaltransduktion. In Forschungsbericht 2008/2009 der BHT Berlin, S. 160-163. Publikationen der Beuth Hochschule für Technik Berlin. ISBN 978-3-938576-20-5.

[Die07]   Dienst, M., (2007) Genesetransformation. Adaption der Transformationscharakteristiken. In Forschungsberichte 2007 der TFH Berlin, S. 166-171. Publikationen der Technischen Fachhochschule Berlin. ISBN 978-3-938576-07-3

[Die06]   Dienst, M., (2006) Eine Optimierungsumgebung für Genesetransformationen. In Forschungsberichte 2006 der TFH Berlin, S. 115-117. Publikationen der Technischen Fachhochschule Berlin. ISBN 3-938576-07-3

[Die05]   Dienst, M., (2005) Genesetransformation. Ein Algorithmus zur Synthese von Signalen nach dem Vorbild der biologischen Musterbildung. In Forschungsberichte 2005 der TFH Berlin, S. 190 – 193. Publikationen der Technischen Fachhochschule Berlin.

[Eig71]   Eigen, M., (1971) Selbstorganisation und Evolution. In: Naturwissenschaften Bd. 58(10), S. 465 - 523, 1971

[Ger95]   Gerhardt, M., Schuster, H. (1995): Das digitale Universum. Zelluläre Automaten als Modelle der Natur. Vieweg, Braunschweig.

[Gie72]   Gierer, A., und Meinhard, H., (1972) A Theorie of biological Pattern Formation. Kybernetic 12, 30-39.

[Her00]   Herdy, Michael, (2000) Beiträge zur Theorie und Anwendung der Evolutionsstrategie. Mensch und Buch Verlag, Berlin.

[Her05]   Herdy, Michael, (2005) Anwendung der Evolutionsstrategie in der Industrie. In Evolution zwischen Chaos und Ordnung. S. 123 – 138. Freie Akademie Verlag, Bernau.

[Kah91]   Kahlert, J. (1991) Vektorielle Optimierung mit Evolutionsstrategien und Anwendungen in der Regelungstechnik. VDI Verlag, Reihe 8 Nr. 234.

[Kos03]   Kost, Bernd, (2003) Optimierung mit Evolutionsstrategien. Harri Deutsch Verlag, Frankfurt a. M.

[Lov88]   Lovelock, J., (1988) The ages of Gaya. W.W. Norton, New York

[McC65]   McCulloch, W., (1965) Embodiment of minds. Cambridge: Cambridge University Press: 25-30.

[Mef04]   Meffert, B., Hochmut, O. (2004) Werkzeuge der Signalverarbeitung. Pearson-Studium, München.

[Mei01]   Meinhard, H., (2001) Auf- und Abbau von Mustern in der Biologie. In Biologie in unserer Zeit, (31), 01.

[Mei82]   Meinhard, H., (1982) Models of biological pattern formation. Academic Press, London.

[Mei84]   Meinhard, H., (1984) Models for positional signalling. J. Embriol. Exp. Morph. 83:289-311.

[Mon71]   Monod, Jacques, (1971) Zufall und Notwendigkeit. Piper Verlag, München

[Mor03]   Mortimer, Ch., Müller, U. (2003) Das basiswissen der Chemie, Thieme Verlag Stuttgart.

[Nie83]   Niemann, H., (1983) Klassifikation von Mustern. Springer, Berlin, Heidelberg.

[Nie90]   Niemann, H., (1990) Pattern Analysis and Understanding, Springer Series in Information Sciences 4. Berlin.

[Pru94]   Prusinkiewicz, P., (1994) Visual models of morphogenesis. Artificial Life, 1(1/2):67-74.

[Rec94]   Rechenberg, Ingo, (1994) Evolutionsstrategie. Frommann Holzboog Verlag Stuttgart- Bad Cannstatt.

[Rie75]   Riedl, R., (1975) Die Ordnung des Lebendigen. Systembidingungen der Evolution. Parey Buchverlag Berlin.

[Sche85]   Scheel, Armin (1985) Beitrag zur Theorie der Evolutionsstrategie. Dissertation, TU Berlin.

[Schw95]   Schwefel, H. – P. (1995) Evolution and Optimum Seeking. John Wiley & Sons. New York.

[Tur52]   Turing, A., (1952) The chemical basis of morphogenesis. Philosophical Transactions of the Royal Society B, 237:37-72.

[Wol99]   Wolpert, L., (1999) Entwicklungsbiologie, Spektrum Akademischer Verlag, Heidelberg

Kontakt:

Die **BIONIC RESEARCH UNIT** ist eine forschungsbezogene Fachgruppe für Lehrende und Studierende an der Beuth Hochschule für Technik Berlin und Partner für industrielle Dienstleistungen auf dem Wissensgebiet der Bionik.

Beuth Hochschule für Technik Berlin,
BIONIC RESEARCH UNIT / FB VIII, Maschinenbau
Luxemburger Str. 10,
D - 13353 Berlin-Wedding

Anhang

Hinweise zur Zur numerischen Analyse einer Laborfinne
Mittelschnittverfahren und Manövrierleistung

Simulationssoftware nimmt in den naturwissenschaftlichen und ingenieur-wissenschaftlichen Berufsfeldern einen zunehmend größeren Anteil ein: organisatorisch, zeitlich und hinsichtlich der Kosten. In klassischen maschinen-baubetonten Produktentwicklungs- Methodiken, wie etwa der VDI-R 2221, werden bereits in der frühen Phase Wirkprinzipien und Funktionsmodelle nachgefragt; sie geben erste Auskünfte über Form und Art, Abmessungen, Anordnung und Anzahl der Gestaltungselemente eines frühen Entwurfs und bilden die Entscheidungsgrundlagen für die weitere Entwicklung. An Bedeutung gewinnen gegenständliche Modelle, die mit Rapid Prototyping-Verfahren (RP) direkt aus den CAD-Datenbeständen generiert werden können. Experimen-tieren mit gegenständlichen Modellen umfasst das ganze Spektrum sehr einfacher Tests bis hin zu aufwändigen Erprobungen mit Prototypen und Vorläuferprodukten. Beanspruchungsmodelle dienen der Klärung des Bauteilverhaltens bei äußerer Beanspruchung (statisch, dynamisch, Schwingung, isolierte Kräfte), Verformungs- und Funktionsmodelle zur

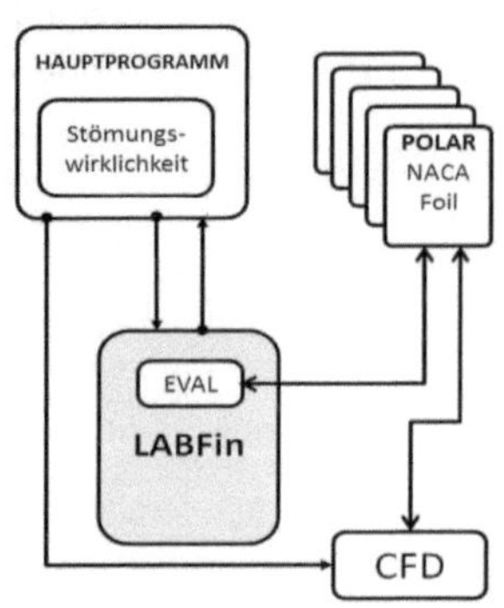

Analyse des Bauteilverhaltens hinsichtlich Kinematik, Dynamik, thermischen, elektrischen und chemischen Verhaltens. Ergonomiemodelle und Anmutungen dienen zur Erprobung der Handhabung, Montage, Bedienung und von Nutzungsszenarien im Anwendungsfeld sowie zur Vermittlung eines realistischen Eindrucks über die visuellen Eigenschaften des späteren Produkts, auch dessen Haptik.

Das Analyseprogramm LABFin liefert ein nurisches Modell einer standardisierten Surfboardfinnen und wird als Bibliothek in ein lauffähiges Hauptprogramm eingebunden. Dies kann eine Entwicklungsumgebung sein oder eine auf die besonderen Analysebelange zugeschnittenes Steuerprogramm.

```
function test=LABFin Test; // Test = ansteuernde Routine
    global DONE BUSY PROCESS
    test = BUSY;
    vv= 5.0;                 // ... im Prg. Setzen!
    RE= 1000000;             // ... im Prg. setzen!
    inLt = 58.9;             // Fluegel-Profiltiefe (BASE)
    inLd = 9;                // Fluegel-Profildicke (BASE)
    inLa = 120;              // FluegelLaenge (BASE 2 TIP)
    inLb = 60;               // Fluegel-Profiltiefe (TIP)
    //Path: get  Matrix der PolarenAnalyse
    path= 'F:\Desktop\MID\MID0_Workbench\LABFinDATA\PROFIL_NACA8306.txt';
    LABFin(inLt,inLd,inLa,inLb,path);
  test= DONE;
endfunction
```

Das Programm LABFin ermittelt die Manövrierleistung der standardisierten Laborfinne LABFin nach dem Mittelschnittverfahren für Tragflügelanalysen. LABfin ist ein sehr einfaches Programm und sollte in der laufenden Kampagne nur den Taschenrechner als Fehlerquelle ersetzen. In der derzeitigen Version (1.1-2016) ist LABFin auf verfügbare Datensätze der zu betrachtenden Tragflügelprofile angewiesen. Es kann sich dabei um Messdaten[11] über reale Tragflügelprofile handeln, Berechnungsergebnissen aus hochauflösenden CFD-Analysen, oder wie in unserem Fall, um Berechnungsergebnisse einer Potentialtheoretischen Untersuchung. Die Geometrie der Laborfinne ist sehr einfach, der Tragflügel ist ein Trapez mit einer rechtwinkligen Seite. Deshalb habe ich für einen ersten Hub auf die Anwendung des feinauflösenden

---

[11] Siehe auch: The Airfoil Investigation Database, http://www.worldofkrauss.com/foils/578

UIUC Airfoil Coordinates Database, http://www.ae.illinois.edu/m-selig/ads/coord_database.html

Traglinienverfahrens[12] das einen gewissen Deklarationsaufwand erfordert, verzichtet und ein so genanntes Mittelschnittverfahren programmiert. Für homologe Profilverteilungen liefert das Mittelschnittverfahren die gleichen Berechnungsergebnisse wie ein über die Kontur differenziertes Traglinienverfahren.

Niedrigschwelligen Betrachtungen umströmter Körper können mit dem Ansatz der reibungsfreien und rotorfreien Potentialströmung erfolgen. In der Potentialtheorie werden, unter Berücksichtigung spezieller Randbedingungen, Potentialgleichungen aufgestellt und gelöst. Wir betrachten in diesem Aufsatz nur ebene Strömungsfelder. Wegen der Linearität der Gleichungen gilt für Potentialströmungen das Superpositionsprinzip, das die Darstellung und Berechnung komplexer Lösungen aus der Überlagerung von einfachen Strömungen für die Elementarlösungen erlaubt. Für Potentialströmungen ist die Zirkulation immer dann Null, wenn keine Festkörper oder Singularitäten eingeschlossen werden. Mit der Zirkulation lassen sich Wirbelstärke und Auftriebskräfte berechnen. Als Potential werden hierbei Skalarfunktionen verstanden, deren partielle Ableitung eine Größe mit physikalischer Bedeutung angibt. Ist eine Strömung wirbelfrei, so folgen aus dem Gradienten der Feldfunktion die Geschwindigkeitskomponenten der Strömung. Bei wirbelfreien Strömungen sind die Vektorkomponenten nicht mehr unabhängig voneinander sondern über das Potential verbunden. Nach dem Satz von Kutta-Joukowsky kann die auftriebsbehaftete Umströmung eines Profils als Kombination aus Parallel- und Zirkulationsströmung betrachtet werden, wenn die (Kutta`sche) Abfluss-bedingung erfüllt ist. Diese fordert ein glattes Abströmen des Fluids an der Hinterkante.

Das nachfolgende Programm evaluiert einen entsprechenden Datensatz, der in unserem Fall aus einer Potentialanalyse stammt:

---

[12] Dienst, Mi. (2016) Fast Fluid Computation, FFC, München, GRIN Verlag, http://www.grin.com/de/e-book/322622/fast-fluid-computation-ffc

```
function [aStall, lStall, wStall]=evalPolarDATA(getpath_PROFILDATA);
// evaluiert ein benanntes Datenfile: POLAR
    global DONE BUSY PROCESS
    test = BUSY;
    anadim = 100;
//getpath_PROFILDATA=F:\Desktop\MID\MID0_Workbench\LABFinDATA\PROFIL_NACA0009.txt';
Matrix der PolarenAnalyse
    [PolarMat,tex]=fscanfMat(getpath_PROFILDATA);   mclose(getpath_PROFILDATA);
// öffnet, liest eine "bunte Matrix" und schließt
// disp(PolarMat);      // .... mal sehen..
    for j=1:anadim      // Matrix der PolarenAnalyse auswerten (nur Relevante)
        alfa(j)  = PolarMat(j,1);   //  [°] Anstellwinkel
        cLift(j) = PolarMat(j,2);   //  [-] AuftriebsKoeffizient
        cDrag(j) = PolarMat(j,3);   //  [-] WiderstandsKoeffizient
        cM25(j)  = PolarMat(j,4);   //  [-] Momenten25Koeffizient
        TUpp(j)  = PolarMat(j,5);   //  [%] TransitionPoint Upper Contour
        TLow(j)  = PolarMat(j,6);   //  [%] TransitionPoint Lower Contour
        SUpp(j)  = PolarMat(j,7);   //  [%] SeparationPoint Upper Contour
        SLow(j)  = PolarMat(j,8);   //  [%] SeparationPoint Lower Contour
    end;
    CLmaxIndex = maxLiftIndex(anadim,cLift);
disp(CLmaxIndex,"=Index des max Auftriebs:");   // BasisRoutinen siehe ca Zeile 650
alfaOfCLmax= alfa(CLmaxIndex);
disp(alfaOfCLmax,"=Alfa des max Auftriebs:");
Liftmax=cLift(CLmaxIndex);
disp(Liftmax,"maxLift: ... der max. Auftrieb");
DragOfLiftmax=cDrag(CLmaxIndex);
disp(DragOfLiftmax,"Drag dort:");
        aStall = alfaOfCLmax;
        lStall = Liftmax;
        wStall = DragOfLiftmax;
  test= DONE;
endfunction;
```

Über die Standardfinne LABFin

Die Standardisierung betrifft eine vollparametrisierte Laborfinne **„LAB-Fin"**, deren Gestalt mit geringen deklaratorischen Mitteln beschrieben werden kann. Die Laborfinne dient in der laufenden Forschungskampagne als Technik- und Technologiedemonstrator. Der Standardisierung liegt die Idee einer fludmechanisch wirksamen Leit- und Steuertragfläche für kleine Seefahrzeuge zu Grunde, die durch einfache geometrische Elemente beschrieben und

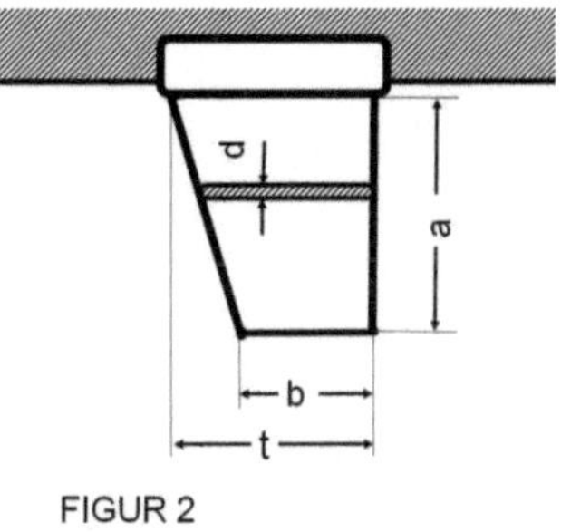

FIGUR 2

durch lediglich vier Parameter eindeutig definiert ist. Die Surfboardfinne kann skaliert und mit unterschiedlichen Profilkonturen ausgestattet werden. Für die Beschreibung von Konturen nach dem Stand der Technik wird auf Datenbanken oder Profiltabellen zurückgegriffen (siehe hierzu auch: Abbot und Doenhoff[13], Eppler[14] und Gorrell[15]). Die Laborfinne LAB-Fin ist ein standardisierter Messkörper, der durch lediglich vier Parameter [P0] [P1] [P2] [P3] eindeutig definiert wird. Der Parameter P0 ist die Profiltiefe an der Flügelwurzel t [mm], der Parameter P1 ist die spezifische Profildicke d/t [%]. Der Parameter P2 ist die spezifische Profiltiefe am Tragflügelende (Flügel-Tip) b/t [%], der Parameter P3 ist die spezifische Tragflügellänge a/t [%] der Finne. Die Profilkontur und weitere Features der Finne, die das Strömungsteil spezifizieren können der Spezifikation nachgestellt werden, wie folgt:

LABFin[t,mm],[d/t,%],[a/t,%],[b/t,%],[Profil],[Feature **1**],..,[Feature **n**]

Die Glattheit der Tragflügeloberfläche und die Tragflügelprofilkontur sollen in einer Grundkonfiguration als gegeben und gesetzt gelten, so dass sich die Spezifikation vereinfacht zu: **LABFin [P0] [P1] [P2] [P3].**
LABFin ist einer systematischen messtechnischen und/oder simulations-technischen Analyse und Vergleichbarkeit zugänglich. Die Analyse der mechanische Beanspruchung von Bauteilen und Baugruppen erfolgt mit klassischen Methoden der technischen Mechanik, wie etwa der Elastischen Theorie oder mit zeitgemäßen finiten Verfahren (Finite Element Methode, FEM). Die Strömungswirklichkeit wird nach der Potentialtheorie grob ermittelt, oder mit Finite Volumen Verfahren realitätsnah analysiert (Computational Fluid Dynamics, CFD). Die standardisierte Finne ist außerdem einer Analyse der Fluid-Struktur- Wechselwirkung (Fluid Structure Interaction, FSI) zugänglich.

---

[13] [Abbo-59]   Ira H. Abbott, Albert E. von Doenhoff: Theory of Wing Sections: Including a Summary of Airfoil Data. Dover Publications, New York 1959

[14] [Eppl-90]   Richard Eppler: Airfoil Design and Data. Springer, Berlin, New York 1990

[15] [Gorr-17]   Edgar Gorrell, S. Martin: Aerofoils and Aerofoil Structural Combinations. In: NACA Technical Report. Nr. 18, 1917.

Eingabeparameter	absolute	Abmessung	Parameter
Profiltiefe an der Flügelwurzel	t	[m]	P0
Profildicke	d	[m]	
Profiltiefe am Tragflügel-Tip	b	[m]	
Tragflügellänge	a	[m]	

Geometriebeschreibung (relativ)	spezifische Abmessung		Parameter
Spezifische Profildicke	d/t	[%]	P1
Spezifische Profiltiefe (Flügel-Tip)	b/t	[%]	P2
Spezifische Tragflügellänge	a/t	[%]	P3

Aus der Definition der Laborfinnengeometrie ergibt sich ein Schlankheitsgrad λ (Aspect Ratio) des Tragflügels und den bugwärtigen Pfeilungswinkel β

$$\lambda \quad = \quad 2 \cdot a / (t+b) \qquad [-]$$
$$\beta \quad = \quad \arctan((t-b)/a) \qquad [°]$$

Der Formwiderstand indizierter Widerstand und der Lift einer Tragfläche sind über die Lateralfläche des Tragflügels determiniert, der Reibungswiderstand mit der benetzten Tragflügelfläche und der Druckwiderstand über die (in Fahrtrichtung) projezierte Tragflügelfläche:

laterale Tragflügelfläche	A	=	$(a \cdot t) - (a2 \tan \beta)/2$	$[m^2]$
benetzte Tragflügelfläche	A_b	=	$(2 \cdot a \cdot t) - (a2 \tan \beta)$	$[m^2]$
projezierte Anströmfläche	AS	=	$d \cdot a$	$[m^2]$

Für das Mittelschnittverfahren ist der Druckmittelpunkt $PS(x_S,y_S)$, aller angreifenden Kräfte von Bedeutung. Der Lagrange Koordinatenursprung mit (KoordinatenNull: x0=t0 , y0=a0) soll am bugwärtigen Fuß (Flügelwurzel) der Surfboardtragfläche gedacht, liegen.

Druckmittelpunkt $PS(x_S,y_S)$:	x_S	$= (2t2 - 2bt - b2)/3(t+b)$	[m]
	y_S	$= a(t + 2b)/ 3(t+b)$	[m]
Profilkontur (exemplarisch)		NACA 0006	Standardprofil
alsoFeature (exemplarisch)		glatt	Oberfläche
alsoFeature (exemplarisch)		*FUTURES*	Hersteller- PLUG

```octave
function test=LABFin(Lt, Ld, La, Lb, AnalyseGETpath);
//#########################################################################################
//######      StroemungsLeistungen an der Standardfinne  LABFin      ########      LABFin V.1.2 16.12.2016    #############
//#########################################################################################
global DONE BUSY PROCESS
// generalisierte Parameter
   getpath_ANYDATA= 'F:\Desktop\MID\MID0_Workbench\LABFinDATA\LABFin_any.txt';      // Path: put DATA
   putpath_FINDATA= 'F:\Desktop\MID\MID0_Workbench\LABFinDATA\LABFin_000.txt';      // Path: put DATA
   getpath_PROFILDATA= 'F:\Desktop\MID\MID0_Workbench\LABFinDATA\PROFIL_NACA0006.txt';   //Path: get  Matrix der
   pi = 3.141593;
// Globale Stoffwerte
   dens  = 998;                                          // [kg/m3] Dichte v. Wasser in
   kinv  = 0.0000001012;                                 // [m2/s] kinematische Viskosität v. Wasser in
   asos  = 1000.0;                                       // [m/s] Speed of Sound v. Wasser
   Vuend = 1.0                                           // [m/s] UmgebungsGeschwindigkeit Vunendlich
   RE    = 1000000;                                      // [-] "bevorzugte" Re-Zahl
   L0    = 0.1;                                          // [m] Standard. relevante Laenge  (0.1m ..0.3m)
   Ps0   = 0.0;
   vv    = 5.0;                                          // [m s-1]Start-Geschwindigkeit
// Deklaration StandardFinne
   profil = 'NACA0006';                                 // [Str]Standard-Startprofil: NACA 4 digit-series
   t    = Lt/1000;              FIN(1) = t;             // [m]  Standard-Profil-Konturtiefe Wurzel
   a    = t*La/100;            FIN(2) = a;      // [-]  scal. Tragflügellänge
   b    = t*Lb/100;            FIN(3) = b;      // [-]  scal. Standard-Profil-Konturtiefe Tip
   d    = t*Ld/100;            FIN(4) = d;      // [m]  setting d(spezNACA0006) ........
// Evaluation
   [aStall,lStall,wStall] = evalPolarDATA(AnalyseGETpath);   // evaluiert ein benanntes Datenfile: POLAR
   CL = lStall;                FIN(5) = CL;             // CL Finne NACA-Analyse
   CW = wStall;                FIN(6) = CW;             // CW Finne NACA-Analyse
   aS = aStall;                FIN(7) = aS;             // alfaStall NACA-Analyse
                               FIN(8) = vv;
                               FIN(9) = RE;

// Ableitungen LABFin
   beta_b = atan((t-b)/a);            FIN(10) = beta_b;       // [rad]  Pfeilungswinkel Tragflügel (bugseitig)
   beta_b_Grd = beta_b*180/pi;        FIN(10) = beta_b_Grd;   // [°]
   AspR  = (2*a)/(t+b);               FIN(11) = AspR;         // [-]  Schlankheitsgrad Tragflügel (Aspect Ratio)
   A_LAT = (a*t)-(a*a*tan(beta_b))/2; FIN(12) = A_LAT;        // [m2] Tragflügelflaeche lateral (radial)
   A_BEN = (2*a*t)-(a*a*tan(beta_b)); FIN(13) = A_BEN;        // [m2] Tragflügelflaeche benetzt (radial)
   A_PRJ = d*a;                       FIN(14) = A_PRJ;        // [m2] Tragflügelflaeche projeziert (axial)
   PsX   = ( (2*t^2)-(2*b*t)-(b^2))/(3*(t+b));  FIN(15) = PsX;   // [m] x-Druckmittelpunkt auf Tragflügelflaeche (radial)Null=x0
   PsY   = (a*(t+2*b))/(3*(t+b));     FIN(16) = PsY;   // [m] y-Druckmittelpunkt auf Tragflügelflaeche (radial)Null=y0
// Deklaration Strömungswirklichkeit bei StandardProfilKontur
   alfa_Stall = 8.0;                  FIN(17) = alfa_Stall;   // [°]  Winkel scheinbar.Anströmrichtung v-unendlich; Null = Voraus
   vrue   = vv;                       FIN(18) = vrue;         // [ms-2] v-unendlich resultieren geg. Profilseele
   vxue   = vrue*cos(alfa_Stall);     FIN(19) = vxue;         // [ms-2] v-unendlich x-Komponente.
   vyue   = vrue*sin(alfa_Stall);     FIN(20) = vyue;         // [ms-2] v-unendlich y-Komponente.
// Deklaration Koeffizienten
   c_LIFT  = CL;                      FIN(21) = c_LIFT;       // = 0.58;    [-]  setting Lift-Koeffi (NACA0006)
   c_DRAG  = CW;                      FIN(22) = c_DRAG;       // = 0.0533; / [-]  setting Form-Koeffi (NACA0006) ........
   c_FRIC  = 0.074 * RE^(-0.2);       FIN(23) = c_FRIC;       // [-]  setting Reibungs-Koeffi (NACA0006)  ........
   c_INDU  = (c_LIFT^2)/(AspR*pi);    FIN(24) = c_INDU;       // [-]  setting induziert-Koeffi (NACA0006)  ........nok späterändern
   vortty  = c_LIFT * vrue*b;         FIN(25) = vortty;       // [m2s-1] Zirkulation am Fluegel-Tip
// StrömungsKraefte
   K_LIFT  = c_LIFT * 0.5 * dens * A_LAT * vrue^2;   FIN(26)= K_LIFT;       // [N] Liftkraft
   K_DRAG  = c_DRAG * 0.5 * dens * A_PRJ * vrue^2;   FIN(27)= K_DRAG;       // [N] Form-Wi-Kraft
   K_FRIC  = c_FRIC * 0.5 * dens * A_BEN * vrue^2;   FIN(28)= K_FRIC;       // [N] Reib-Wi-Kraft
   K_INDU  = c_INDU * 0.5 * dens * A_LAT * vrue^2;   FIN(29)= K_INDU;       // [N] induzierte Wi-Kraft
   K_SUMM  = K_DRAG + K_FRIC + K_INDU;              FIN(30)= K_SUMM;       // [N] totale Wi-Kraft
   K_RES   = ( (K_LIFT^2)+(K_SUMM^2) )^.5;          FIN(31)= K_RES;// [N] resultierende ManoeverierKraft
   gama_Kres = atan(K_LIFT/K_SUMM);                  FIN(32)= gama_Kres;    // [°] Kraftrichtung(Manoever); Null = achteraus
   gama_Kres_Grd = gama_Kres*180/pi;                FIN(32)= gama_Kres_Grd;   // [°] Kraftrichtung(Manoever); Null = achteraus
// StrömungsLeistungen
   P_LIFT  = c_LIFT * 0.5 * dens * A_LAT * vrue^3;   FIN(33)= P_LIFT;       // [N] LiftLeistung
   P_DRAG  = c_DRAG * 0.5 * dens * A_PRJ * vrue^3;   FIN(34)= P_DRAG;       // [N] Form-Wi-Leistung
   P_FRIC  = c_FRIC * 0.5 * dens * A_BEN * vrue^3;   FIN(35)= P_FRIC;       // [N] Reib-Wi-Leistung
   P_INDU  = c_INDU * 0.5 * dens * A_LAT * vrue^3;   FIN(36)= P_INDU;       // [N] induzierte Wi-Leistung
   P_SUMM   = P_DRAG + P_FRIC + P_INDU;             FIN(37)= P_SUMM;       // [N] totale Wi-Leistung
   P_RES   = ((P_LIFT^2)+(P_SUMM^2))^.5;            FIN(38)= P_RES;        // [N] resultierende ManoeverierLeistung
   gama_Pres = atan(P_LIFT/P_SUMM);                  FIN(39)= gama_Pres;    // [rad] Leistungsrichtung(Manoever); Null = achteraus
   gama_Pres_Grd = gama_Pres*180/pi;                FIN(39)= gama_Pres_Grd;   // [°] Leistungsrichtung(Manoever); Null = achteraus
   putpath_FINDATA= 'F:\Desktop\MID\MID0_Workbench\LABFinDATA\LABFin_113.txt';   // Path: get DATA
   fprintfMat(putpath_FINDATA,FIN);                 // ... als FIN-Datei ablegen.
test= DONE;
endfunction;
```

Berechnungsergebnisse für eine Laborfinne
LABFin[t,mm],[d/t,%],[a/t,%],[b/t,%],[Profil],[Feature **1**],..,[Feature **n**]

Mittelschnittverfahren

Analysedaten für eine Laborfinne mit dem Programm LABFin (V1.1.)				
Berechnungs- und Messdaten			LABFin[100][6][120][60][NACA0006]	
INDEX	**Wert**	**Dim**	**Beschreibung**	inProgm.
1	0.100000	[m]	t Standard-Profil-Konturtiefe Wurzel (setting)	t
2	0.120000	[-]	a Tragflügellänge (setting)	a
3	0.060000	[-]	b Profil-Konturtiefe Tip (setting)	b
4	0.006000	[m]	D Profil-Dicke Wurzel (NACA-Spezifikation)	d
5	0.583000	[-]	CL Liftbeiwert aus Analyse NACA	CL
6	0.053290	[-]	CW Widerstandsbeiwert aus Analyse NACA	CW
7	8.000000	[°]	Stallwinkel aus Analyse NACA	aS
8	5.000000	[m s-1]	Basis-Geschwindigkeit (Vunendlich)	vv
9	1000000.000000	[-]	RE, Reynoldszahl	RE
0	18.434947	[°]	Pfeilungswinkel Tragflügel (bugseitig)	beta_b
1	1.500000	[-]	Schlankheitsgrad Tragflügel (Aspect Ratio)	AspR
2	0.009600	[m2]	Tragflügelflaeche lateral (radial)	A_LAT
3	0.019200	[m2]	Tragflügelflaeche benetzt (radial)	A_BEN
4	0.000720	[m2]	Tragflügelflaeche projeziert (axial)	A_PRJ
5	0.009167	[m]	x-Druckmittelpunkt auf Tragflügel (radial)Null=x0	PsX
6	0.055000	[m]	y-Druckmittelpunkt auf Tragflügel (radial)Null=y0	PsY
7	8.000000	[°]	Winkel der Anströmrichtung, Stallwinkel	aS
8	5.000000	[ms-1]	v-unendlich resultieren geg. Profilseele	vreu
9	-0.727500	[ms-1]	v-unendlich x-Komponente.	vxue
0	4.946791	[ms-1]	v-unendlich y-Komponente.	vyue
1	0.583000	[-]	Lift-Koeffi (aus Analyse NACA)	c_LIFT
2	0.053290	[-]	Form-Koeffi (aus Analyse NACA)	c_DRAG
3	0.004669	[-]	Reibungs-Koeffi (NACA)	c_FRIC
4	0.072127	[-]	induziert-wi-Koeffi (NACA)	c_INDU
5	0.174900	[m2s-1]	Zirkulation am Fluegel-Tip	vortty
6	69.820080	[N]	**Liftkraft**	K_LIFT
7	0.478651	[N]	Form-Wi-Kraft	K_DRAG
8	1.118339	[N]	Reib-Wi-Kraft	K_FRIC
9	8.637891	[N]	induzierte Wi-Kraft	K_INDU
0	10.234881	[N]	**totale Wi-Kraft**	K_SUMM
1	70.566255	**[N]**	**resultierende ManoeverierKraft**	**K_RES**
2	81.660436	[°]	Kraftrichtung(Manoever); Null = achteraus	gama_Kres
3	349.100400	**[W]**	**LiftLeistung**	**P_LIFT**
4	2.393254	[W]	Form-Wi-Leistung	P_DRAG
5	5.591695	[W]	Reib-Wi-Leistung	P_FRIC
6	43.189455	[W]	induzierte Wi-Leistung	P_INDU
7	51.174404	**[W]**	**totale Widerstands-Leistung**	**P_SUMM**
8	352.831275	**[W]**	**resultierende ManoeverierLeistung**	**P_RES**
9	81.660436	[°]	Leistungsrichtung(Manoever); Null = achteraus	gama_Pres

Hinweise zum Traglinienverfahren

Für die strömungsmechanischen Analysen verwende ich das System FS-Flow[16], JavaFoil[17] und andere Programmsysteme, für Implementationen SCILab[18]. Die relevanten Profilkonturen liegen als in Listen geordnete Koordinatenpunkte $P_K = P(x_K, y_K)$ vor. Hinweise zur Nomenklatur:

Geometrie

xd/t	[%]	Dickenrücklage der Profilkontur
t(z)	[m]	$t = t(z)$ über die horizontale Koordinate z
x	[m]	x- Koordinate der Punkte $P_K(x_K, y_K, x_K)$ auf der Kontur
y	[m]	y- Koordinate
z	[m]	z- Koordinate / horizont. Koordinate Flügelwurzel Tip
dx, dy, dz	[m]	differentielle Koordinaten
$\Delta x, \Delta y, \Delta z$	[m]	
$\underline{x}$	[-]	$\underline{x} = (x/t)$ generalisierte Koordinate x, Profiltiefe t
$\underline{y}$	[-]	$\underline{y} = (y/t)$ generalisierte Koordinate y
ΔA	[m^2]	$\Delta A = (\Delta z \cdot \Delta x)$
ΔF	[m^2]	$\Delta F = t \cdot \Delta z$ differentielles Kontur-Flächensegment

Beiwerte und Koeffizienten

c_L	[-]	Lift-koeffizient (Auftrieb, Querkraft)
c_P	[-]	$c_P = c_P(x_K, y_K)$ Druckgradient (Profilkontur)
c_W	[-]	Widerstandsbeiwert

Geschwindigkeiten und Kräfte

v(x)	[ms^{-1}]	lokale (konturnahe) Geschwindigkeit.
V, v_∞	[ms^{-1}]	globale (System-) Geschwindigkeit.
(v/V)	[-]	spezifische Geschwindigkeit, lokal und konturnah
L	[N]	$L = c_L \cdot F \cdot v^2 \cdot \rho /2$ Auftrieb, Querkraft, Lift
K	[N]	$\underline{K}$ aus $q(x) = \underline{K} \Delta x$ Kraft auf Flächensegment $\Delta A = (\Delta z \cdot \Delta x)$
ΔL	[N]	$\Delta L = k \cdot dz = c_L \cdot t \Delta z \cdot v^2 \cdot \rho/2$; Lift auf Segment, Breite Δz
q(x)	[Nm^{-1}]	Streckenlast an der Profilkontur $P_K(x_K, y_K)$
k	[Nm^{-1}]	$k = k(z) = \Delta L / \Delta z$; integrale Streckenlast auf Profilsektion

---

[16] FS-Flow ist ein kommerzielles Programmsystem der Firma FutureShip GmbH / Germanischer Lloyd, DNV-GL das nach dem PANEL-Verfahren arbeitet. https://www.dnvgl.de

[17] JavaFoil ist ein frei verfügbarer Potentiallöser von Dr. M. Hepperle der in erster Linie für aerodynamische Fragestellungen aus dem Programmsystem CalcFoil entwickelt wurde. http://www.mh-aerotools.de/airfoils/javafoil.htm

[18] Scilab ist ein eine umfangreiche, leistungsfähige Software für Anwendungen aus der numerischen Mathematik, das ehemals am Institut national de recherche en informatique et en automatique (INRIA) seit 1990 als Alternative zu MATLAB entwickelt wurde.

Stoff

ρ [kgm^{-3}]   Dichte

ν [m^{2}s^{-1}]   Transportkoeffizient: kinematische Viskosität

Ein Ergebnis der potentialtheoretischen Analyse ist die Geschwindigkeitsverteilung $(v/V)_{x,y}$ und damit der Druckgradient $c_P=c_P(x,y)$ über die Profilkonturen (x_K,y_K) eines Tragflügels. Aus der Druck-integration wird einerseits der dimensionslose Auftriebskoeffizient c_L und unter Hinzunahme eines Reibungs-Modells der Widerstandsbeiwert c_W der Profilkontur ermittelt. Der Auftriebsbeiwert und der Widerstandsbeiwert sind als Integralgrößen über eine Profilkontur anzusehen.

Eine Streckenlast q ist in der technischen Mechanik eine bereichswese über x definierte Belastung mit der Einheit [N/m] und wird für eine lokale Kraft $\underline{K}$ mit $q(x) = \underline{F}\ \Delta x$ angesetzt. In SI-Einheiten besitzt die Streckenlast q die Einheit [m·Pa][19]. Ein über eine Kontur verteilter Druck p, der in unserer Betrachtung als ortsabhängiger Gradient p(x) in [Pa] auftaucht und der gerade als eine lokale Kraft K über einen Flächenabschnitt $\Delta A=(\Delta z \cdot \Delta x)$ angesehen wird, offenbart eine Beziehung zu der Streckenlast q wie folgt:

mit $q(x) = K\ \Delta x$ [m·Pa]   und $p(x) = K\,/\,\Delta A\ = F\,/\,(\Delta z \cdot \Delta x)$ [Pa]

folgt $\ p(x) = q(x)/\Delta z$ [Pa]

Der lokale Druck p(x) auf der Kontur an der Stelle x wird relativ und auf den atmosphärischen Normruck[20] p_0 bezogen angegeben. Für den lokalen Druckkoeffizienten c_p gilt dann folgende Beziehung[21]:

$c_p = 2\ (p(x) - p_0)\,/\,(\rho \cdot V^2)$ [-]

Normdruck p_0 = 101 325[Pa] = 101,325[kPa] = 1 013,25[hPa] = 1 013,25 [mbar]

Normzustand bei T= 273,15 [°K] bzw. T=0 [°C] entsprechend DIN 1343.

$(p(x) - p_0) = 0.5 \cdot c_p \cdot \rho \cdot V^2$ [kg m^{-3}·m^2 s^{-2}], [Nm^{-2}], [Pa]

Der Druckkoeffizient c_p besitzt einen Gradienten über die Kontur $c_p(x)$ und wird mit der aus der klassischen Strömungsmechanik bekannten Form aus der lokalen, spezifischen Geschwindigkeit bestimmt. Hierbei wird die Bernoulli-

---

[19] ISO-Einheiten. 1 kg·m^{-1}·s^{-2} = 1 Pa = 1 N m^{-2}, z.B.: Megapascal (10 bar = 1 MPa = 1 Million Pa = 1 N/mm^2)

[20] Mit dem Normdruck p_0 101 325 [Pa] = 101,325 [kPa] = 1 013,25 [hPa] = 1 013,25 [mbar]. Im atmosphärischen Normzustand bei T= 273,15 [K] bzw. T=0 [°C] entsprechend DIN 1343.

Wasser im Normzustand bei T= 20 °C: Dichte ρ = 0,998203 g·cm^{-3} ρ = 998,2 kg·m^{-3}

[21] Katz, J., Plotkin, A. (2001) Low-Speed Aerodynamics, Cambridge University Press. ISBN 13 978-0-521-66219-2.

Gleichung dazu benutzt, den Druck aus den Geschwindigkeitskomponenten zu ermitteln.

Bernoulli $p_0 + \frac{1}{2}\, \rho_\infty\, V^2 = p + \frac{1}{2}\, \rho_\infty\, v(x)^2$ [Pa]

Für inkompressible Strömungen ($\rho_=\rho_\infty$) liefert das den lokalen Druckkoeffizienten $c_p(x)=p(x)/p_0$ aus einer Beziehung über die Systemgeschwindigkeit $V=v_\infty$.

$$c_p(x) =\; 1- (v(x)/v_\infty)^2 \qquad\qquad [-]$$

Die lokale, konturnahe Geschwindigkeit $v(x)$, bzw. die auf die Systemgeschwindigkeit $V=v_\infty$ bezogene spezifische Geschwindigkeit $(v(x)/V)$ und somit der lokale Druckkoeffizient $c_p(x)$ ist ein signifikantes Ergebnis der potentialtheoretischen Berechnung und steht nun für die Druckintegration über eine Kontur zur Verfügung.

$$(p(x) - p_0) =\; 0.5\; \cdot c_p\; \cdot \rho \cdot V^2$$
$$(p(x) - p_0) =\; 0.5\; \cdot (1- (v(x)/V)^2) \cdot \rho \cdot V^2 \qquad [Pa]$$

In der Regel kann der potentialtheoretischen Berechnung ein dimensionsloser Auftriebsbeiwert c_L (Lift-Koeffizient) entnommen werden, was den Berechnungsgang auf Kosten einer differenzierten Betrachtung der Auftriebsverteilung über die Profilkontur erleichtert. Aus der einschlägigen Literatur ist die aus integralen Größen zu ermittelnde Kraft:

Auftrieb, Querkraft, Lift $L = c_L\; \cdot \mathbf{F}\; \cdot v^2 \cdot \rho/2$ [N]

Das sektorale Flächensegment ΔF der Breite Δz das sich aus der abschnittsweisen Betrachtung der Gesamtfläche F des Tragflügels, also dem so genannten Kontur-Flächensegment ergibt:

Tragflächen-Segment (Wing-Section) $\Delta F = t \cdot \Delta z$ $[m^2]$

Im Besitz des dimensionslosen Auftriebsbeiwertes c_L für ein Kontur-Flächensegment (Wing-Section) ist die nunmehr sektorale Auftriebskraft ΔL der Profilkontur, also der sektorale Lift ΔL für ein Flächensegment $\Delta F =t \cdot \Delta z$ leicht zu ermitteln.

Der sektorale Lift $\qquad \Delta L = c_L \cdot t \cdot \Delta z \cdot v^2 \cdot \rho/2 \ = k \cdot \Delta z \qquad$ [N]

Mit der hier eingeführte Vereinfachung $\Delta L = k \cdot \Delta z$ ist die sektorale, über die vertikal variable Flügeltiefe $t=t(z)$ definierte Traglinienkraft k in Abhängigkeit von der vertikalen Koordinate z, also $k=k(z)$ gegeben als:

Traglinienkraft $\qquad \mathbf{k(z) = c_L \cdot t(z) \cdot v^2 \cdot \rho/2} \qquad$ [N m^{-1}]

Für die Ermittlung der - für einen Kontursektor der Breite Δz (an der Stelle z_K) konstanten - Traglinienkraft k sind also Kenntnisse über die (ebene, lokale) Anströmgeschwindigkeit $v = v(\alpha)$ und dem integralen Liftkoeffizienten c_L, der zu dem jeweiligen Tragflügelprofil an der Stelle z_K gehört. Der Liftkoeffizient c_L und der Widerstandskoeffizient c_W entstammen Datensammlungen oder den über die Software ermittelten Polaren $c_L=c_L(\alpha)$ und $c_W=c_W(\alpha)$ die für Messreihen über den Anströmwinkel α geordnet vorliegen.

Profile der Surfboardfinnen.

Grundsätzlich ist eine Strömung über festen Wänden zunächst laminar, wird dann mehr oder weniger rasch instabil und schlägt in turbulente Strömung um: Transition. Mit dem Übergang von laminarer zu turbulenter Strömung nimmt die Wandreibung erheblich zu. Es sind aber nicht alleine existierende Oberflächenstrukturen oder die Rauheit der Tragfläche, die das Umschlagsverhalten der wandnahen Strömung beeinflussen. Auch die Kontur des Tragflächenprofils, insbesondere seine Krümmung und die Änderung der Krümmung über den Strömungspfad haben Einfluss auf den Transitionsort. Die „festen Wände" der Kraft- und Arbeitstragflächen stehen in der Regel für eine mechanisch starre Form, ein deklaratorisch definiertes Profil und eine nichtflexible Kontur. Die Profile von Kraft- und Arbeitstragflächen sind in der Regel entweder definiert symmetrisch oder definiert asymmetrisch. Surfboardfinnen – im Sinn von „Leit- und Steuertragflächen kleiner Seefahrzeuge" sind beidseitig wirksame Kraft- und Arbeitstragflächen und üblicherweise aus symmetrisch profiliertem Vollmaterial. Das Tragverhalten einer Surfboardfinne im Betrieb wird durch das Auftriebs- und Widerstandsgebaren charakterisiert in einem Zustandsbereich, der sich von der auftriebslosen zentrierten Anströmung bis hin zu einer degenerierten Umströmung der Finne erstreckt. Kommt es bei einer Tragflächenumströmung zu einem Ablösen der konturnahen

Strömungsschicht, spricht man von Strömungsabriss (engl.: stall). Es kann sich um die Ablösung einer laminaren oder einer turbulenten Strömung handeln. Mit dem Strömungsabriss verändert sich auch (schlagartig) das Auftriebsgebaren der Profilkontur. Den entscheidenden (nicht einzigen) Einfluss auf das Stallverhalten symmetrisch profilierter Kraft- und Arbeitstragflächen nimmt der Anstellwinkel des Profils in der Strömung. Bei den hier betrachteten Surfboardfinnen sind die Relativgeschwindigkeit klein gegenüber der Schallgeschwindigkeit und wir gehen davon aus, dass Surfboardfinnen Tragflügel sind, die im Medium Wasser arbeiten, so dass Inkompressibilität des Fluids angenommen wird. Es gilt für inkompressible, stationäre viskositätsfreie Strömung konstanter Dichte und Rotorfreiheit (in einem Gebiet das keine Wirbel enthält), dass die Summe aus dem Quadrat der Geschwindigkeit und dem Quotient aus Druck und Dichte konstant ist.

Das Erklärungsmodell Euler.
Tatsächlich resultiert die Auftriebskraft einer Surfboardfinne aus der Superposition einer Translations- und einer Zirku-lationsströmung. Betrachtet man einen Profilschnitt einer unter kleinem Anstellwinkel angeströmten ortsfesten Leitfläche (Eulerszenario), so erscheint die Zirkulation an der Leeseite in Anströmrichtung, auf der Luvseite entgegen der Anströmrichtung (Lee: der Strömung abgewandt; Luv: die der Strömung zugewandte Seite eines Strömungskörpers). Die Superposition führt zu einer verlangsamenden Strömung auf der Luvseite und zu einer Beschleunigung in Lee. Kontinuitätsbeziehung und bernoullische Argumentation wiederum führen zu einem relativen Überdruckgebiet an der Luv- und einem relativen Unterdruckgebiet an der Leeseite und zum erwarteten Auftriebsgebaren der Leitfläche. Die Entstehung der Zirkulationsströmung ihrerseits kann erklärt werden derart, dass die Viskosität des Fluids in der Grenzschicht zu einer vertikale Scherung der Horizontalströmung führt. Bei kleinen Krümmungen hat die Strömung die Tendenz, in Strömungsrichtung der Kontur eines Profils zu folgen. Direkt an der Konturlinie ist die Geschwindigkeit Null. Mit zunehmendem Abstand von der Profilkontur (in der Grenzschicht) wird die Geschwindigkeit größer, bis sie die Fluidgeschwindigkeit der Außenströmung erreicht. Durch diese Scherung hat das Fluid in der Grenzschicht eine Wirbelstärke. Die Viskosität des Fluids bewirkt Kräfte, durch die die Geschwindigkeiten benachbarter Stromlinien angeglichen, sowie die Wirbelstärke homogenisiert werden. Verlässt nun ein Teilchen mit seiner Wirbelstärke wegen der gebogenen Kontur die Grenzschicht tangential, wird die Viskosität die Scherung des Geschwindigkeitsfeldes homogenisieren und die Wirbelstärke bleibt auf einem mittleren

Wert. Mangels Scherung erzwingt sie eine gekrümmte Trajektorie in Richtung zurück zur Konturlinie. Als Gegenkraft hierzu verringert sich der Druck an der Kontur. Dieser niedrige Druck beschleunigt auch Fluid oberhalb der Grenzschicht nach unten. Der Druck ist niedriger als der Druck entlang der Profillinie stromaufwärts. Deshalb wird die Strömung auch tangential über die Profilkontur nach hinten beschleunigt. Betrachten wir hierzu einen gut untersuchten Anströmzustand unter einem mäßigen Anströmwinkel:

Anstellwinkel und Geometrie (Kontur) des fluidmechanisch wirksamen Finnenprofils erzwingen eine Richtungsänderung der Stromlinien des anströmenden Fluids. Bewegte sich nun das betrachtete Fluidvolumen infolge der Massenträgheit auf einer geraden Linie fort, würde sich die Entfernung zur (Stör-) Kontur des Finnenprofils sofort vergrößern und somit ein Gebiet niedriger Dichte entstehen, was wir in unseren Betrachtungen über ein inkompressibles Fluid aber gerade ausschließen möchten. Also erzwingt die Bedingung konstanter Fluiddichte einen Druckgradienten entlang der betrachteten Stromlinie um das Hindernis herum. Nahe der Profilkontur kommt es zur Ausbildung der Grenzschicht. Durch die Scherkräfte in der Grenzschicht folgt das Fluid der Kontur des Profils. Mit zunehmender Entfernung vom Profil nimmt die Ablenkung der (ferneren laminaren) Strömung ab. Generiert die Krümmung der Stromlinien einen Druckgradienten, so führt die Kontinuitätsbeziehung und bernoullische Argumentation wieder zu einem relativen Überdruckgebiet an der Luv- und einem relativen Unterdruckgebiet an der Leeseite und zum Auftriebsgebaren der Finnentragfläche.

Impulsänderung.
Die Finne, der räumliche dreidimensionale Tragflügel, muss durch eine unsymmetrische Umströmung die zur Entstehung der Querkraft notwendige Zirkulation selbst erzeugen. Analog zur Kreisumströmung entsteht bei Tragflügelprofilen die dynamische Querkraft (Auftrieb, Lift) nur dann, wenn eine gleich große vertikale Impulsänderung erfolgt. Diese Impulsänderung wird erreicht, indem die Finnentragfläche, bzw. ihr Tragflächenprofil das Fluid (radial) ablenkt. Das Tragflügelprofil muss also so gestaltet und im Betrieb entsprechend "angestellt" sein, dass es aus der Anströmsituation eine für die Querkrafterzeugung notwendige Zirkulation erzeugen kann. In einer potentialtheoretischen Analyse (siehe unten) werden zunächst zwei "Staupunkte" identifiziert: einen bugwärtigen und hechwärtigen Staupunkt. Eine scharfe Profilhinterkante bewirkt, dass das Tragflügelprofil von unten herkommend nach oben bis zum hinteren, auf der Profiloberseite liegenden Staupunkt umströmt werden muss. Diese Umströmung einer scharfen

Hinterkante führt (theoretisch) zu einer plötzlichen Änderung der Geschwindigkeitsrichtung; eine sehr große Beschleunigung der Strömung. Die anfängliche hintere Umströmung ist nicht stabil und kann daher nicht lange bestehen. Dies hat zur Folge, dass die Strömung an der Hinterkante sehr rasch ablöst. Gleichzeitig bildet sich ein Wirbel durch das Aufrollen einer sich ablösenden Grenzschicht. Dieser sogenannte „Anfahrwirbel" schwimmt mit der Strömung nach hinten ab. Theoretisch ist die Gesamtzirkulation (jetzt) im Gleichgewicht (Satz von Thompson), die Summe aller Zirkulationen ist Null. Dies hat zur Folge, dass sich um das Tragflügelprofil herum ein zweiter, entgegengesetzt drehender Wirbel bildet. Dieser nunmehr gebundene Wirbel stellt die notwendige Zirkulation um den Tragflügel her: Er entsteht somit aus der vom Profil der Finne verursachten unsymmetrischen Umströmung, bei der das Fluid auf der Unterseite verzögert und auf der Oberseite des Profils beschleunigt wird. Dieses plakative Bild, bei dem die Strömung auf der Unterseite verzögert und auf der Oberseite des Profils beschleunigt wird, ist das mühsam errungene Arbeitsergebnis eines langen Argumentationspfades und wird in seiner Kurzform gerne in der Lehre eingesetzt. Nur falls mal jemand danach fragt.

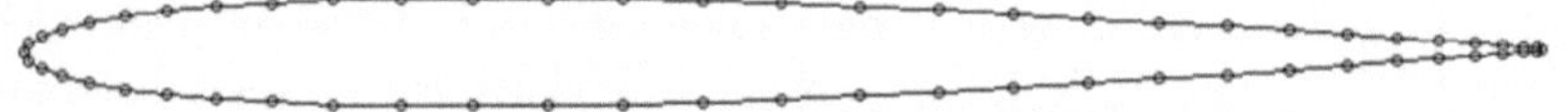

Druckverteilung.
Das gegenüber dem herrschenden Normaldruck relative Unterdruckgebiet auf der Profilkonturoberseite und das gegenüber dem herrschenden Normaldruck relative Überdruckgebiet auf der Profilkontur-unterseite repräsentieren das Auftriebs- bzw. Querkraftgebaren (Lift) des Tragflügelprofils der Surfboardfinne. Dabei trägt relative Unterdruckgebiet auf der Profilkonturoberseite wesentlich zur Gesamtquerkraft bei. Der Druckgradi-ent korreliert nach der Energiegleichung (Bernoulli) mit der Geschwindigkeit und deren Änderung an der Profilkontur. Die Strömung hat grundsätzlich die Tendenz, der Profilkontur zu folgen. Den größten Einfluss auf die Eigenschaften des Profils einer Leit- und Steuertragfläche respektive Surfboardfinne haben die Profilwölbung und die Wölbungsrücklage der Kontur, die maximale Profildicke und ihr Gradient, die Änderung der Profildicke entlang der Profilsehne, desweiteren der Nasenradius und die Gestalt der Profilhinter-kante, das Lead-Out. Der maximale Auftrieb wird also von der Wölbung, dem Nasenradius und der Dicke der Kontur bestimmt. Weshalb dies so ist, kann man an der Kurve des Geschwindigkeitsgradienten über die Profilkontur aufgetragen, ablesen. Die

Berechnung wurde für das für Surf-Finnen relevante Profil NACA 0006 durchgeführt.

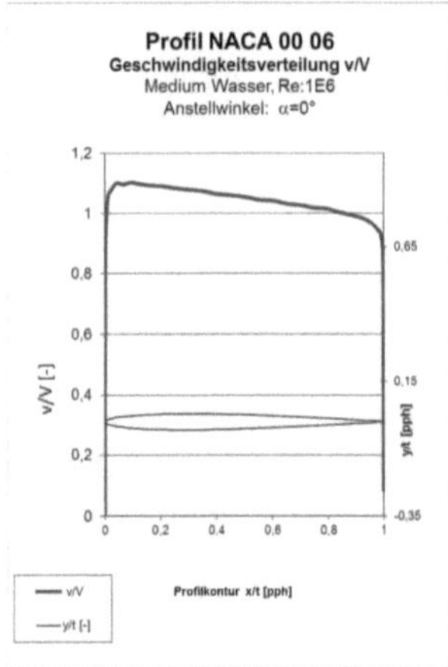

Das Diagramm zeigt die Geschwindigkeitsverteilung an der Profiloberseite. Bei einem symmetrischen Profil und einem Anströmwinkel von a=0° ist natürlich der Gradient symmetrisch. Wir sehen in dieser Graphik einen plötzlichen Anstieg der konturnahen Geschwindigkeit an der Profilspitze und einen gleichmäßigen Zuwachs der (auf die Umgebungsgeschwindigkeit V= $\mathbf{v_\infty}$ bezogenen) Geschwindigkeit v/V; zum Profilende hin verschwindet der Gradient. Das Profil NACA 0006 besitzt seine maximale Dickenrücklage bei 30% der Profiltiefe. Etwa an diesem Ort ist die konturnahe Geschwindigkeit v = v(x) gleich der Geschwindigkeit v∞.

Dieser Punkt ist markant. Wir erinnern uns, dass für inkompressible Strömungen ($\rho=\rho_\infty$) zwischen der konturnahen Geschwindigkeit v(x) und dem (über x variablen) Druckkoeffizienten $c_p=c_p(x)=p(x)/p_0$ eine Beziehung (Bernoulli) zur Systemgeschwindigkeit $V=v_\infty$ herrscht:

$$\text{Druckgradient } c_p(x) = p(x)/p_0 = c_p(x) = 1-(v(x)/v_\infty)^2$$

An dem Ort, an dem v(x) = $\mathbf{v_\infty}$ herrscht, besitzt auch der Druckgradient $c_p(x)$ einen Nulldurchgang. Dies wird bei der Betrachtung der (konturnahen) Grenzschicht eine Rolle spielen.

Verlauf und Intensität der Druckverteilung sind maßgeblich für die Leistungsfähigkeit der Profilkontur. Bei der Profilanalyse führt also der erste Weg zum Geschwindigkeitsgradienten. Druck- und Geschwindigkeitsgradient funktionieren wie eine sehr feine „Linse" mit der die Krümmung der Kontur, also die Profilwölbung an jeder Stelle, die Wölbungsrücklage, der Ort der maximalen Profildicke und (natürlich) die Änderung der Profildicke entlang der Profilsehne ultragenau untersucht werden kann.

Der mit diesem Instrument untersuchte Verlauf der Kurve und die Glattheit[22] höherer Ordnung der Kurve $(v(x)/v_\infty)^2$ kann Gegenstand einer klassischen „Kurvendiskussion" werden immer dann, wenn sich der Konstrukteur für den rekursiven Weg entscheidet und die Formfindung über die höheren

---

[22] Die Kurve $(v(x)/V)^2$ (quadratische Form) wird im Diagramm nicht dargestellt.

Ableitungen (die Krümmung der Krümmung) der Gradientenkurve (v/v_∞) triggert. Eingebettet in eine Optimierungsumgebung spricht man derzeit viel von Konstruktionsautomatismen auf der Basis physikalischer Modelle. In der Gestaltungspraxis - und hier in besonderer Weise bei der Optimierung von Seefahrzeugen - hat sich für diese Herangehensweise[23] der Begriff des „parametrischen Designs" etabliert; eine Methode, die den tradierten Konstruktionsprozess quasi auf den Kopf stellt und der die Zukunft gehört, wenn es um „resiliente" Gestaltung gehen wird (... Create Robust Variable Geometry, RVG). Dazu später mehr, wenn von „Reverse Design" als eine Methode des Downsizing die Rede sein wird.

Fluidmechanische Berechnungen nach der Potentialtheorie stehen gerade dieser Tage wieder in der Kritik der Strömungsexperten. Aber, so kann zusammenfassend gesagt werden, gerade weil diese Berechnungsmethoden auf Geschwindigkeitsverteilungen AUF der Profilkontur führen (was natürlich ohne Realitätsbezug ist) stellt die Kurve $(v(x)/v_\infty)^2$ ein perfektes artifizielles Untersuchungsinstrument für zukünftige (wenn auch vielleicht ein wenig „schmutzige") Konstruktionsmethoden dar.

Betrachten wir nun den Verlauf der Auftriebs- und Widerstandsbeiwerte typischer und möglicher Profile für Surfboardfinnen zu. Die wenigen Proben „realer" Finnen, die uns physisch vorliegen, tragen Profile, die wir nicht kennen. In der Szene wird in der Regel auf NACA-Profile verwiesen und tatsächlich weist das von einer Finne der Firma FUTURES abgeformte Profil eine (hinreichend überzeugende) Ähnlichkeit mit dem Profil NACA0006 auf. Ich erkläre dieses Profil nun hier zum Stand der Technik, wohl wissend dass es an der Kontur gewisse Abweichungen, ja Ungereimtheiten existieren, die gegebenenfalls vom Hersteller sogar erwünscht sind. Vielleicht sind es Alleinstellungsmerkmale, vielleicht ist das zur Anwendung kommende Tragflügelprofil einfach eine den Fertigungs- und/oder Festigkeitsbelangen geschuldete Profilkontur. Wir wissen es nicht. Das Profil NACA0006 ist natürlich

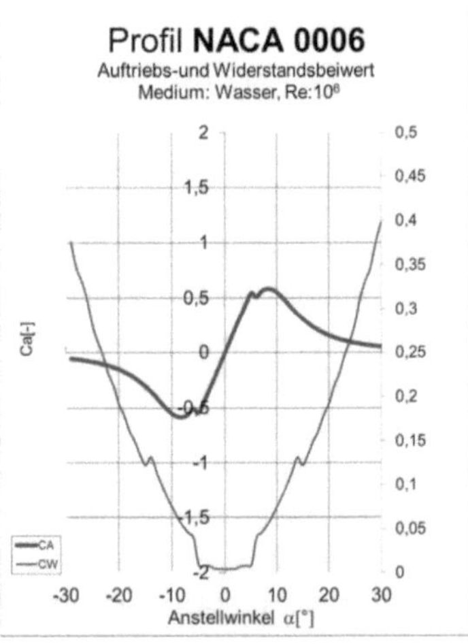

schon alleine dadurch ungemein sympathisch, weil wir ausser über gesicherte Messdaten auch über einen ausreichend fein diskretisierten Datensatz seiner

---

[23] https://www.caeses.com/ CAESES® (formerly known as FRIENDSHIP-Framework) could be the perfect solution for Ship Design. CAESES® stands for "CAE system empowering simulation" and enables engineers to design optimal products.

Kontur verfügen[24]. Ein Gegenstand der weiteren Überlegungen und Untersuchungen werden sogenannte „händische" Profilkonturen sein. Für diese nichtsymmetrischen, gekrümmten Konturen werden wir ebenfalls auf den NACA-Standard zurückgreifen, weswegen uns ihre „undeformierten Varianten" an dieser Stelle mehr interessieren, als urheberrechtliche Fragen[25].

Das Profil NACA 0006 scheint nach einem ersten Blick auf die Liftbeiwerte der Kontur nicht besonders leistungsfähig zu sein. Aber dennoch: Der Formwiderstand besitzt im Bereich kleiner Anströmwinkel {-5 < α < 5} eine deutlich ausgeprägte Delle, die bei Geradeausfahrt des Boards einen geringen Widetrstand verspricht. Dies können wir auf der positiven Seite verbuchen. Negativ ist der geringe Auftriebskoeffizient, dessen Maximum unterhalb der α=10° Marke aufzufinden ist. Weshalb man sich überhaupt für ein derartiges Profil entscheidet, ist in den Standardisierungs- und Fertigungsbelangen der Hersteller zu suchen. Bei einer Profiltiefe von maximal 115 [mm] der Standardfinne (Hersteller *FUTURES*) liefert ein NACA-Profil mit d/t=6% Konturdicke an der Flügelwurzel eine Bauteildicke von 6.9 [mm]. Das Terminal der zentralen, symmetrischen *FUTURES*-Finne bietet Raum für Plugs von maximal 7[mm] Dicke. So einfach ist das (wahrscheinlich).

Sobald dieses Profil aber eine - auch nur geringe - Konturwölbung annimmt, werden durchaus beachtliche Liftbeiwerte von c_L > 1.5 [-] erreicht. Würde sich durch irgendeinen – nennen wir ihn mal „bionischen Adaptions-Trick" – bei Leistungsähnlichkeit die Finne geometrisch herabskalieren lassen, wären vielleicht auch spezifische Konturdicken von d/t > 6 % realisierbar. Das geht auf theoretische Überlegungen hinaus, insbesondere den potentialtheoretischen Berechnungen, dargestellt im Diagram der Krümmungsvariationen an NACA-Profilen der 4er-Reihe. auf dieser Seite. Auf genau derartige Phänomene der fluidmechanischen Verformungsadaption und einem Downsizing auf deren Grundlage, zielt unsere Argumentation in diesem Aufsatz.

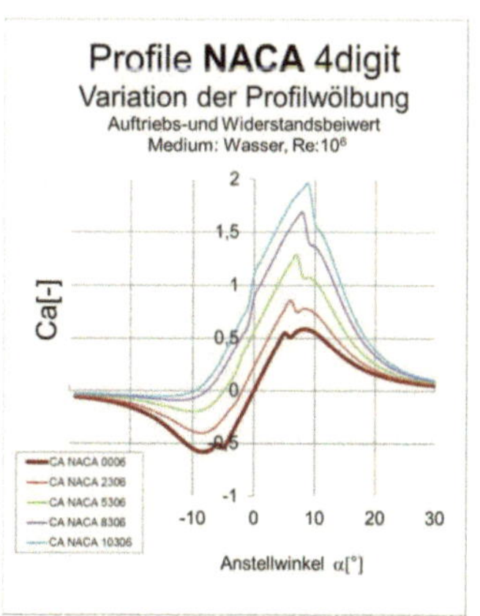

---

[24] Ira H. Abbott, Albert E. von Doenhoff: Theory of Wing Sections: Including a Summary of Airfoil Data. Dover Publications,

New York 1959.

[25] Firmenspezifische (und uns unbekannte) Modifikationen standardisierter NACA-Profilkonturen.

NACA-Profile unverformt und deformiert							
	f/t [%]	xf/t [%]	d/t [%]	a_{STALL} [°]	C_A [-]	C_W [-]	
NACA 0006	0	0	6	8	0,583	0,0533	neutral
NACA 2306	2	30	6	6	0,859	0,0107	verformt 2%
NACA 5306	5	30	6	7	1,285	0,0147	verformt 5%
NACA 8306	8	30	6	8	1,684	0,0199	verformt 8%
NACA 10306	10	30	6	9	1,950	0,0258	verformt 10%
DOWNSIZE & d_{opt}							
NACA 0009	0	0	9	9	0,914	0,0134	neutral
NACA 8309	8	30	9	11	1,895	0,0296	verformt 8%
NACA 10309	10	30	9	11	2,133	0,0341	verformt 10%

Die systematische fluidmechanische Analyse krümmungsverformter NACA-Profilkonturen ist im Anhang niedergelegt.

NACA 0006   Re 1000000   Wasser

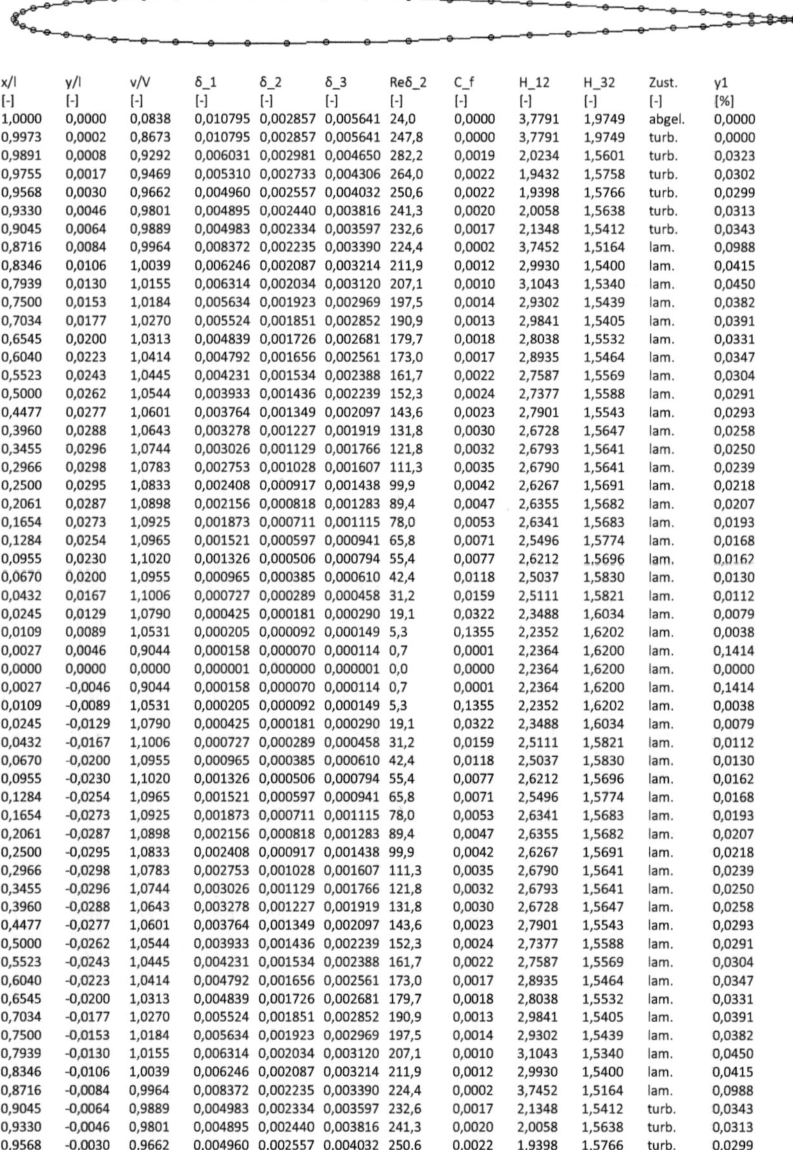

x/l	y/l	v/V	δ_1	δ_2	δ_3	$Re\delta_2$	C_f	H_{12}	H_{32}	Zust.	y1
[-]	[-]	[-]	[-]	[-]	[-]	[-]	[-]	[-]	[-]	[-]	[%]
1,0000	0,0000	0,0838	0,010795	0,002857	0,005641	24,0	0,0000	3,7791	1,9749	abgel.	0,0000
0,9973	0,0002	0,8673	0,010795	0,002857	0,005641	247,8	0,0000	3,7791	1,9749	turb.	0,0000
0,9891	0,0008	0,9292	0,006031	0,002981	0,004650	282,2	0,0019	2,0234	1,5601	turb.	0,0323
0,9755	0,0017	0,9469	0,005310	0,002733	0,004306	264,0	0,0022	1,9432	1,5758	turb.	0,0302
0,9568	0,0030	0,9662	0,004960	0,002557	0,004032	250,6	0,0022	1,9398	1,5766	turb.	0,0299
0,9330	0,0046	0,9801	0,004895	0,002440	0,003816	241,3	0,0020	2,0058	1,5638	turb.	0,0313
0,9045	0,0064	0,9889	0,004983	0,002334	0,003597	232,6	0,0017	2,1348	1,5412	turb.	0,0343
0,8716	0,0084	0,9964	0,008372	0,002235	0,003390	224,4	0,0002	3,7452	1,5164	lam.	0,0988
0,8346	0,0106	1,0039	0,006246	0,002087	0,003214	211,9	0,0012	2,9930	1,5400	lam.	0,0415
0,7939	0,0130	1,0155	0,006314	0,002034	0,003120	207,1	0,0010	3,1043	1,5340	lam.	0,0450
0,7500	0,0153	1,0184	0,005634	0,001923	0,002969	197,5	0,0014	2,9302	1,5439	lam.	0,0382
0,7034	0,0177	1,0270	0,005524	0,001851	0,002852	190,9	0,0013	2,9841	1,5405	lam.	0,0391
0,6545	0,0200	1,0313	0,004839	0,001726	0,002681	179,7	0,0018	2,8038	1,5532	lam.	0,0331
0,6040	0,0223	1,0414	0,004792	0,001656	0,002561	173,0	0,0017	2,8935	1,5464	lam.	0,0347
0,5523	0,0243	1,0445	0,004231	0,001534	0,002388	161,7	0,0022	2,7587	1,5569	lam.	0,0304
0,5000	0,0262	1,0544	0,003933	0,001436	0,002239	152,3	0,0024	2,7377	1,5588	lam.	0,0291
0,4477	0,0277	1,0601	0,003764	0,001349	0,002097	143,6	0,0023	2,7901	1,5543	lam.	0,0293
0,3960	0,0288	1,0643	0,003278	0,001227	0,001919	131,8	0,0030	2,6728	1,5647	lam.	0,0258
0,3455	0,0296	1,0744	0,003026	0,001129	0,001766	121,8	0,0032	2,6793	1,5641	lam.	0,0250
0,2966	0,0298	1,0783	0,002753	0,001028	0,001607	111,3	0,0035	2,6790	1,5641	lam.	0,0239
0,2500	0,0295	1,0833	0,002408	0,000917	0,001438	99,9	0,0042	2,6267	1,5691	lam.	0,0218
0,2061	0,0287	1,0898	0,002156	0,000818	0,001283	89,4	0,0047	2,6355	1,5682	lam.	0,0207
0,1654	0,0273	1,0925	0,001873	0,000711	0,001115	78,0	0,0053	2,6341	1,5683	lam.	0,0193
0,1284	0,0254	1,0965	0,001521	0,000597	0,000941	65,8	0,0071	2,5496	1,5774	lam.	0,0168
0,0955	0,0230	1,1020	0,001326	0,000506	0,000794	55,4	0,0077	2,6212	1,5696	lam.	0,0162
0,0670	0,0200	1,0955	0,000965	0,000385	0,000610	42,4	0,0118	2,5037	1,5830	lam.	0,0130
0,0432	0,0167	1,1006	0,000727	0,000289	0,000458	31,2	0,0159	2,5111	1,5821	lam.	0,0112
0,0245	0,0129	1,0790	0,000425	0,000181	0,000290	19,1	0,0322	2,3488	1,6034	lam.	0,0079
0,0109	0,0089	1,0531	0,000205	0,000092	0,000149	5,3	0,1355	2,2352	1,6202	lam.	0,0038
0,0027	0,0046	0,9044	0,000158	0,000070	0,000114	0,7	0,0001	2,2364	1,6200	lam.	0,1414
0,0000	0,0000	0,0000	0,000001	0,000000	0,000001	0,0	0,0000	2,2364	1,6200	lam.	0,0000
0,0027	-0,0046	0,9044	0,000158	0,000070	0,000114	0,7	0,0001	2,2364	1,6200	lam.	0,1414
0,0109	-0,0089	1,0531	0,000205	0,000092	0,000149	5,3	0,1355	2,2352	1,6202	lam.	0,0038
0,0245	-0,0129	1,0790	0,000425	0,000181	0,000290	19,1	0,0322	2,3488	1,6034	lam.	0,0079
0,0432	-0,0167	1,1006	0,000727	0,000289	0,000458	31,2	0,0159	2,5111	1,5821	lam.	0,0112
0,0670	-0,0200	1,0955	0,000965	0,000385	0,000610	42,4	0,0118	2,5037	1,5830	lam.	0,0130
0,0955	-0,0230	1,1020	0,001326	0,000506	0,000794	55,4	0,0077	2,6212	1,5696	lam.	0,0162
0,1284	-0,0254	1,0965	0,001521	0,000597	0,000941	65,8	0,0071	2,5496	1,5774	lam.	0,0168
0,1654	-0,0273	1,0925	0,001873	0,000711	0,001115	78,0	0,0053	2,6341	1,5683	lam.	0,0193
0,2061	-0,0287	1,0898	0,002156	0,000818	0,001283	89,4	0,0047	2,6355	1,5682	lam.	0,0207
0,2500	-0,0295	1,0833	0,002408	0,000917	0,001438	99,9	0,0042	2,6267	1,5691	lam.	0,0218
0,2966	-0,0298	1,0783	0,002753	0,001028	0,001607	111,3	0,0035	2,6790	1,5641	lam.	0,0239
0,3455	-0,0296	1,0744	0,003026	0,001129	0,001766	121,8	0,0032	2,6793	1,5641	lam.	0,0250
0,3960	-0,0288	1,0643	0,003278	0,001227	0,001919	131,8	0,0030	2,6728	1,5647	lam.	0,0258
0,4477	-0,0277	1,0601	0,003764	0,001349	0,002097	143,6	0,0023	2,7901	1,5543	lam.	0,0293
0,5000	-0,0262	1,0544	0,003933	0,001436	0,002239	152,3	0,0024	2,7377	1,5588	lam.	0,0291
0,5523	-0,0243	1,0445	0,004231	0,001534	0,002388	161,7	0,0022	2,7587	1,5569	lam.	0,0304
0,6040	-0,0223	1,0414	0,004792	0,001656	0,002561	173,0	0,0017	2,8935	1,5464	lam.	0,0347
0,6545	-0,0200	1,0313	0,004839	0,001726	0,002681	179,7	0,0018	2,8038	1,5532	lam.	0,0331
0,7034	-0,0177	1,0270	0,005524	0,001851	0,002852	190,9	0,0013	2,9841	1,5405	lam.	0,0391
0,7500	-0,0153	1,0184	0,005634	0,001923	0,002969	197,5	0,0014	2,9302	1,5439	lam.	0,0382
0,7939	-0,0130	1,0155	0,006314	0,002034	0,003120	207,1	0,0010	3,1043	1,5340	lam.	0,0450
0,8346	-0,0106	1,0039	0,006246	0,002087	0,003214	211,9	0,0012	2,9930	1,5400	lam.	0,0415
0,8716	-0,0084	0,9964	0,008372	0,002235	0,003390	224,4	0,0002	3,7452	1,5164	lam.	0,0988
0,9045	-0,0064	0,9889	0,004983	0,002334	0,003597	232,6	0,0017	2,1348	1,5412	turb.	0,0343
0,9330	-0,0046	0,9801	0,004895	0,002440	0,003816	241,3	0,0020	2,0058	1,5638	turb.	0,0313
0,9568	-0,0030	0,9662	0,004960	0,002557	0,004032	250,6	0,0022	1,9398	1,5766	turb.	0,0299

0,9755	-0,0017	0,9469	0,005310	0,002733	0,004306	264,0	0,0022	1,9432	1,5758	turb.	0,0302
0,9891	-0,0008	0,9292	0,006031	0,002981	0,004650	282,2	0,0019	2,0234	1,5601	turb.	0,0323
0,9973	-0,0002	0,8673	0,010795	0,002857	0,005641	247,8	0,0000	3,7791	1,9749	turb.	0,0000
1,0000	0,0000	0,0838	0,010795	0,002857	0,005641	24,0	0,0000	3,7791	1,9749	abgel.	0,0000

| α | Ca | Cw | Cm 0.25 | | T.U. | T.L. | S.U. | S.L. | GZ | N.P. | D.P. |
[°]	[-]	[-]	[-]	[-]	[-]	[-]	[-]	[-]	[-]	[-]	
-29,0	-0,057	0,37586		0,008	0,996	0,003	1,000	0,024	-0,152	0,215	0,392
-28,0	-0,063	0,34719		0,008	0,996	0,003	1,000	0,023	-0,181	0,219	0,376
-27,0	-0,069	0,33173		0,008	0,996	0,003	1,000	0,024	-0,209	0,222	0,362
-26,0	-0,077	0,31185		0,008	0,995	0,003	1,000	0,023	-0,246	0,222	0,348
-25,0	-0,085	0,28224		0,007	0,995	0,002	1,000	0,023	-0,302	0,225	0,336
-24,0	-0,095	0,26272		0,007	0,995	0,002	1,000	0,023	-0,362	0,229	0,324
-23,0	-0,107	0,24683		0,007	0,995	0,002	1,000	0,023	-0,433	0,230	0,314
-22,0	-0,120	0,22597		0,007	0,994	0,002	1,000	0,022	-0,532	0,233	0,305
-21,0	-0,136	0,21185		0,006	0,994	0,002	1,000	0,022	-0,643	0,234	0,297
-20,0	-0,155	0,19186		0,006	0,993	0,002	0,997	0,022	-0,806	0,236	0,289
-19,0	-0,177	0,17876		0,006	0,993	0,002	0,997	0,021	-0,987	0,238	0,283
-18,0	-0,202	0,16134		0,005	0,992	0,002	0,997	0,020	-1,253	0,239	0,277
-17,0	-0,232	0,14945		0,005	0,992	0,002	0,996	0,020	-1,555	0,239	0,272
-16,0	-0,268	0,13439		0,005	0,992	0,002	0,997	0,017	-1,991	0,240	0,268
-15,0	-0,308	0,12249		0,004	0,992	0,002	0,997	0,016	-2,517	0,240	0,264
-14,0	-0,354	0,13156		0,004	0,992	0,001	0,995	0,011	-2,692	0,241	0,261
-13,0	-0,405	0,11565		0,004	0,991	0,001	0,995	0,010	-3,501	0,244	0,259
-12,0	-0,458	0,10019		0,003	0,991	0,001	0,995	0,009	-4,570	0,244	0,257
-11,0	-0,509	0,08684		0,003	0,990	0,001	0,995	0,008	-5,860	0,243	0,256
-10,0	-0,552	0,07448		0,003	0,987	0,001	0,995	0,008	-7,410	0,243	0,255
-9,0	-0,579	0,06286		0,002	0,981	0,002	0,996	0,008	-9,212	0,232	0,254
-8,0	-0,583	0,05329		0,002	0,976	0,003	0,997	0,007	-10,943	0,281	0,254
-7,0	-0,561	0,04576		0,002	0,969	0,004	1,000	0,007	-12,260	0,255	0,253
-6,0	-0,508	0,04005		0,002	0,963	0,004	1,000	0,009	-12,677	0,144	0,253
-5,0	-0,545	0,00862		0,004	0,957	0,005	1,000	0,998	-63,228	0,231	0,256
-4,0	-0,446	0,00801		0,003	0,945	0,006	1,000	0,998	-55,686	0,257	0,256
-3,0	-0,339	0,00744		0,002	0,931	0,009	1,000	0,999	-45,583	0,256	0,256
-2,0	-0,228	0,00466		0,001	0,888	0,521	1,000	0,999	-48,925	0,256	0,256
-1,0	-0,114	0,00427		0,001	0,828	0,641	1,000	0,999	-26,758	0,256	0,256
0,0	0,000	0,00374		-0,000	0,801	0,801	1,000	0,999	0,000	0,256	0,250
1,0	0,114	0,00427		-0,001	0,641	0,828	1,000	0,999	26,766	0,256	0,256
2,0	0,228	0,00466		-0,001	0,521	0,888	1,000	0,998	48,938	0,256	0,256
3,0	0,339	0,00744		-0,002	0,009	0,931	1,000	0,998	45,597	0,256	0,256
4,0	0,446	0,00801		-0,003	0,006	0,945	1,000	0,998	55,703	0,257	0,256
5,0	0,545	0,00862		-0,004	0,005	0,957	1,000	0,998	63,249	0,231	0,256
6,0	0,508	0,04005		-0,002	0,004	0,963	0,009	0,998	12,677	0,143	0,253
7,0	0,561	0,04576		-0,002	0,004	0,969	0,007	0,998	12,260	0,255	0,253
8,0	0,583	0,05329		-0,002	0,003	0,976	0,007	0,997	10,943	0,281	0,254

9,0	0,579	0,06286	-0,002	0,002	0,981	0,008	0,996	9,212	0,232	0,254
10,0	0,552	0,07448	-0,003	0,001	0,987	0,008	0,995	7,410	0,243	0,255
11,0	0,509	0,08684	-0,003	0,001	0,990	0,008	0,995	5,860	0,243	0,256
12,0	0,458	0,10019	-0,003	0,001	0,991	0,009	0,995	4,570	0,244	0,257
13,0	0,405	0,11565	-0,004	0,001	0,991	0,010	0,995	3,501	0,244	0,259
14,0	0,354	0,13156	-0,004	0,001	0,992	0,011	0,995	2,692	0,241	0,261
15,0	0,308	0,12249	-0,004	0,002	0,992	0,016	0,997	2,517	0,240	0,264
16,0	0,268	0,13439	-0,005	0,002	0,992	0,017	0,997	1,991	0,240	0,268
17,0	0,232	0,14945	-0,005	0,002	0,992	0,020	0,996	1,555	0,239	0,272
18,0	0,202	0,16134	-0,005	0,002	0,992	0,020	0,997	1,253	0,239	0,277
19,0	0,177	0,17876	-0,006	0,002	0,993	0,021	0,997	0,987	0,238	0,283
20,0	0,155	0,19186	-0,006	0,002	0,993	0,022	0,997	0,806	0,236	0,289
21,0	0,136	0,21185	-0,006	0,002	0,994	0,022	0,997	0,643	0,234	0,297
22,0	0,120	0,22597	-0,007	0,002	0,994	0,022	0,998	0,532	0,233	0,305
23,0	0,107	0,24683	-0,007	0,002	0,995	0,023	0,998	0,433	0,230	0,314
24,0	0,095	0,26272	-0,007	0,002	0,995	0,023	0,998	0,362	0,229	0,324
25,0	0,085	0,28224	-0,007	0,002	0,995	0,023	0,997	0,302	0,225	0,336
26,0	0,077	0,31185	-0,008	0,003	0,995	0,023	0,998	0,246	0,222	0,348
27,0	0,069	0,33173	-0,008	0,003	0,996	0,024	0,997	0,209	0,222	0,362
28,0	0,063	0,34719	-0,008	0,003	0,996	0,023	0,997	0,181	0,219	0,376
29,0	0,057	0,37586	-0,008	0,003	0,996	0,024	0,997	0,152	0,215	0,392
30,0	0,052	0,39729	-0,008	0,003	0,996	0,024	0,998	0,131	0,215	0,409

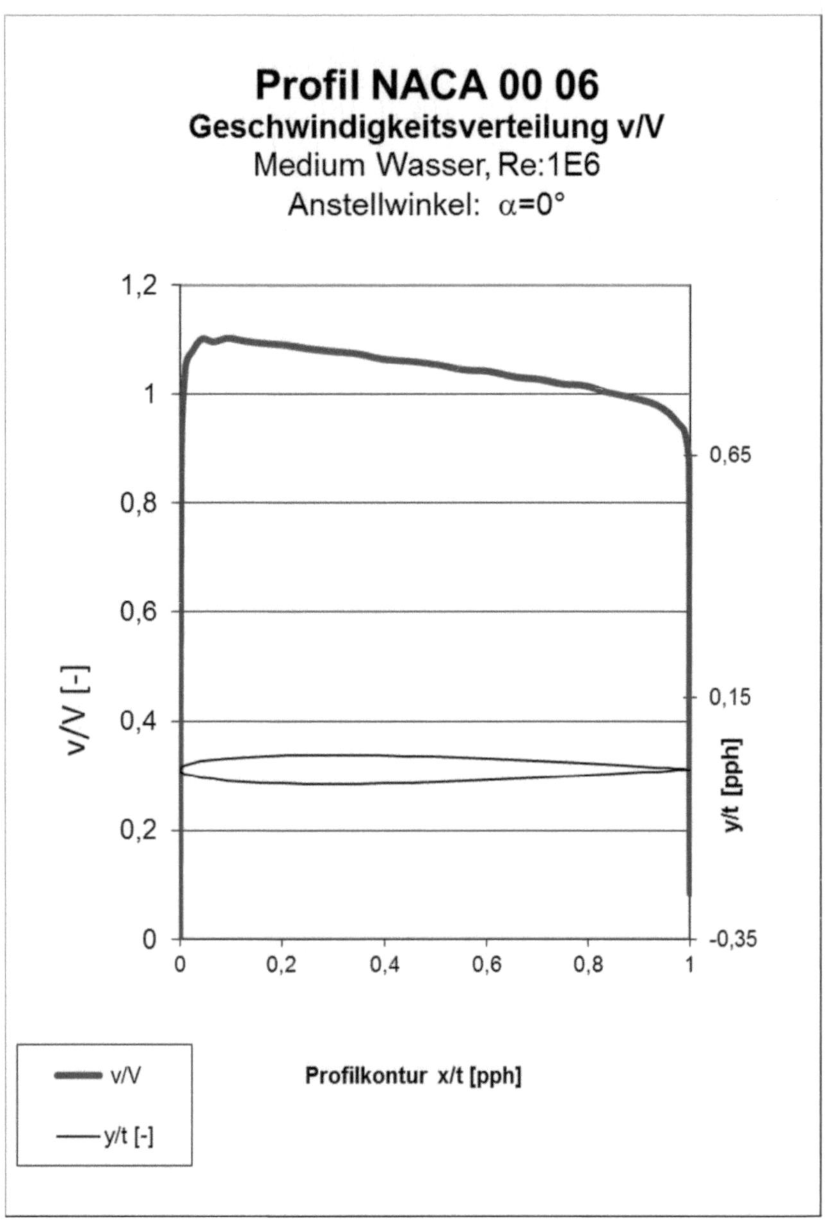
Profil NACA 00 06
Geschwindigkeitsverteilung v/V
Medium Wasser, Re:1E6
Anstellwinkel: α=0°
1,2
1
0,8
0,6
0,4
0,2
0
v/V [-]
0,65
0,15
-0,35
y/t [pph]
0
0,2
0,4
0,6
0,8
1
v/V
y/t [-]
Profilkontur x/t [pph]

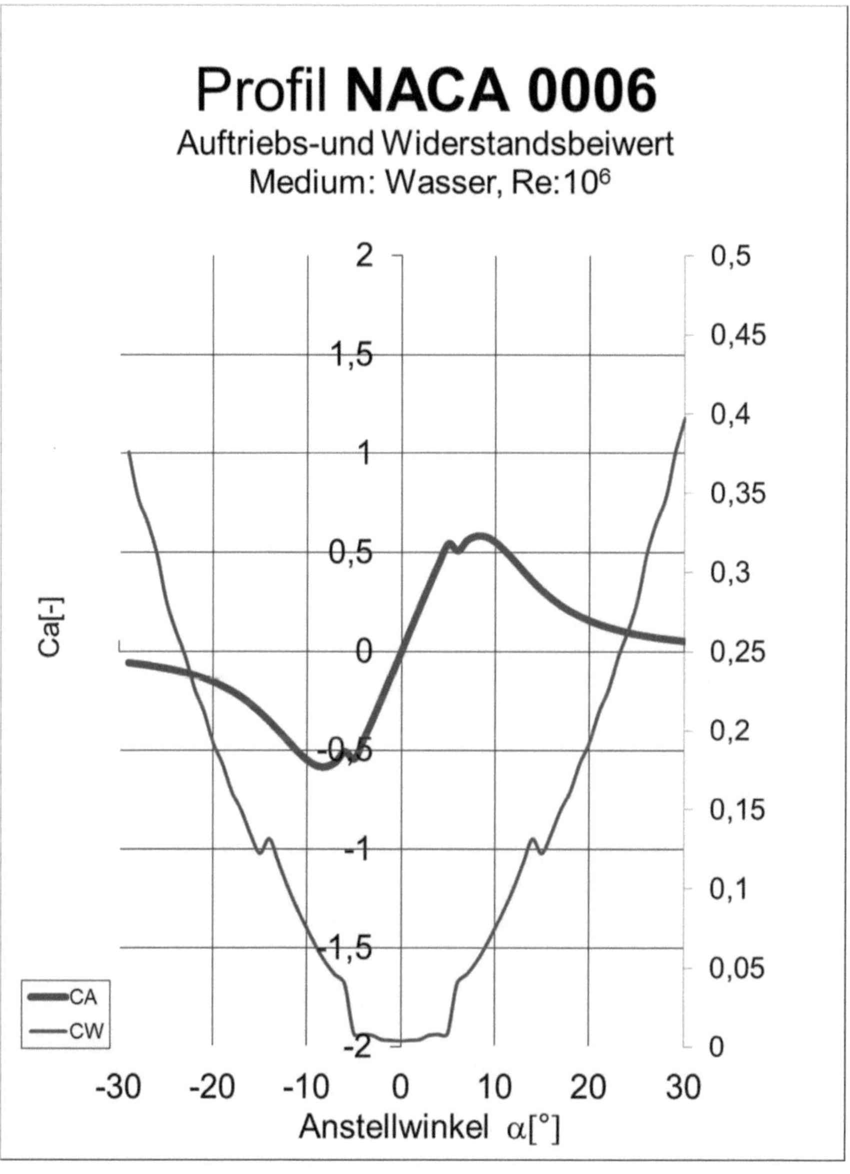
Profil NACA 0006
Auftriebs-und Widerstandsbeiwert
Medium: Wasser, Re:10^6
Ca[-]
2
1,5
1
0,5
0
-0,5
-1
-1,5
-2
0,5
0,45
0,4
0,35
0,3
0,25
0,2
0,15
0,1
0,05
0
CA
CW
-30
-20
-10
0
10
20
30
Anstellwinkel α[°]

NACA 2306   Re 1000000   Wasser

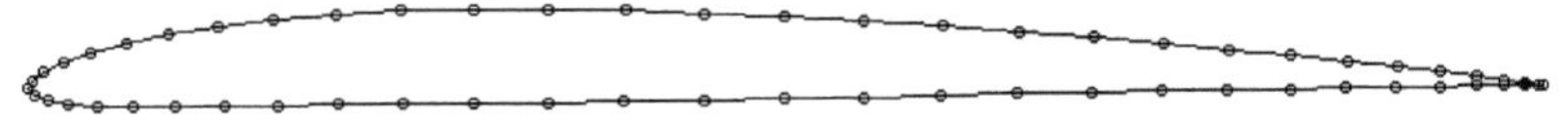

x/l	y/l	v/V	δ_1	δ_2	δ_3	$Re\delta_2$	C_f	H_{12}	H_{32}	Zust.	y1
[-]	[-]	[-]	[-]	[-]	[-]	[-]	[-]	[-]	[-]	[-]	[%]
1,0000	0,0000	0,0597	0,012211	0,003258	0,006600	19,4	0,0000	3,7479	2,0257	abgel.	0,0000
0,9973	0,0003	0,8340	0,012211	0,003258	0,006600	271,7	0,0000	3,7479	2,0257	turb.	0,0000
0,9892	0,0014	0,9352	0,006667	0,003417	0,005378	328,8	0,0021	1,9511	1,5739	turb.	0,0311
0,9757	0,0031	0,9630	0,005749	0,003099	0,004942	305,3	0,0024	1,8549	1,5946	turb.	0,0287
0,9570	0,0054	0,9851	0,005321	0,002899	0,004636	289,8	0,0025	1,8353	1,5991	turb.	0,0281
0,9333	0,0082	1,0001	0,004858	0,002668	0,004275	271,6	0,0026	1,8209	1,6025	turb.	0,0276
0,9049	0,0115	1,0181	0,004704	0,002518	0,004009	259,2	0,0025	1,8680	1,5918	turb.	0,0284
0,8720	0,0151	1,0294	0,004510	0,002337	0,003690	244,0	0,0023	1,9299	1,5787	turb.	0,0296
0,8351	0,0190	1,0441	0,004611	0,002213	0,003429	233,1	0,0018	2,0839	1,5497	turb.	0,0330
0,7944	0,0230	1,0536	0,004756	0,002069	0,003138	220,7	0,0014	2,2983	1,5166	turb.	0,0384
0,7506	0,0271	1,0666	0,006443	0,001950	0,002975	210,0	0,0007	3,3051	1,5259	lam.	0,0542
0,7040	0,0311	1,0771	0,006031	0,001855	0,002833	201,3	0,0008	3,2521	1,5277	lam.	0,0505
0,6551	0,0349	1,0855	0,005259	0,001732	0,002663	190,0	0,0012	3,0366	1,5375	lam.	0,0407
0,6045	0,0385	1,0969	0,004933	0,001633	0,002512	180,5	0,0013	3,0210	1,5384	lam.	0,0392
0,5528	0,0417	1,1055	0,004547	0,001526	0,002352	170,2	0,0015	2,9791	1,5408	lam.	0,0368
0,5004	0,0445	1,1156	0,004147	0,001414	0,002183	159,3	0,0017	2,9331	1,5437	lam.	0,0344
0,4481	0,0468	1,1264	0,003767	0,001299	0,002008	147,8	0,0019	2,8999	1,5460	lam.	0,0323
0,3963	0,0485	1,1378	0,003529	0,001193	0,001840	137,0	0,0019	2,9579	1,5421	lam.	0,0325
0,3456	0,0495	1,1486	0,002944	0,001052	0,001634	122,7	0,0027	2,7987	1,5535	lam.	0,0273
0,2966	0,0498	1,1663	0,002339	0,000910	0,001433	107,6	0,0042	2,5716	1,5748	lam.	0,0218
0,2493	0,0490	1,1830	0,002105	0,000817	0,001285	96,4	0,0047	2,5779	1,5741	lam.	0,0207
0,2049	0,0467	1,1812	0,001777	0,000712	0,001127	84,1	0,0060	2,4978	1,5837	lam.	0,0183
0,1638	0,0433	1,1812	0,001568	0,000626	0,000992	73,2	0,0068	2,5024	1,5831	lam.	0,0171
0,1265	0,0388	1,1680	0,001326	0,000533	0,000846	61,5	0,0083	2,4861	1,5851	lam.	0,0155
0,0934	0,0336	1,1538	0,001079	0,000440	0,000700	49,9	0,0108	2,4495	1,5898	lam.	0,0136
0,0649	0,0279	1,1332	0,000869	0,000354	0,000562	38,8	0,0137	2,4576	1,5888	lam.	0,0121
0,0413	0,0219	1,0976	0,000612	0,000258	0,000412	27,3	0,0217	2,3771	1,5995	lam.	0,0096
0,0229	0,0160	1,0565	0,000383	0,000168	0,000270	16,2	0,0416	2,2824	1,6130	lam.	0,0069
0,0098	0,0102	0,9584	0,000225	0,000101	0,000163	7,3	0,0971	2,2405	1,6193	lam.	0,0045
0,0021	0,0049	0,7242	0,000086	0,000038	0,000062	1,3	0,0001	2,2364	1,6200	lam.	0,1414
0,0000	0,0000	0,2888	0,000001	0,000000	0,000001	0,0	0,0000	2,2364	1,6200	lam.	0,0000
0,0033	-0,0042	1,0801	0,000081	0,000036	0,000059	1,4	0,0001	2,2364	1,6200	lam.	0,1414
0,0121	-0,0074	1,1221	0,000204	0,000091	0,000147	7,8	0,0914	2,2393	1,6195	lam.	0,0047
0,0260	-0,0097	1,1052	0,000505	0,000202	0,000321	22,7	0,0222	2,4962	1,5839	lam.	0,0095
0,0451	-0,0112	1,0807	0,000872	0,000327	0,000512	36,1	0,0111	2,6682	1,5650	lam.	0,0134
0,0691	-0,0120	1,0596	0,001249	0,000453	0,000705	48,9	0,0072	2,7597	1,5567	lam.	0,0167
0,0976	-0,0122	1,0412	0,001601	0,000575	0,000894	60,9	0,0055	2,7857	1,5546	lam.	0,0190
0,1304	-0,0119	1,0232	0,001974	0,000702	0,001091	73,1	0,0044	2,8098	1,5526	lam.	0,0212
0,1671	-0,0113	1,0068	0,002386	0,000833	0,00129	85,2	0,0035	2,8649	1,5484	lam.	0,0238
0,2073	-0,0107	0,9993	0,002787	0,000961	0,001486	96,8	0,0029	2,9000	1,5459	lam.	0,0261
0,2507	-0,0101	0,9905	0,002942	0,001062	0,001652	106,1	0,0032	2,7710	1,5559	lam.	0,0248
0,2967	-0,0098	0,9913	0,003275	0,001176	0,001828	116,4	0,0029	2,7858	1,5546	lam.	0,0263
0,3454	-0,0097	1,0002	0,003276	0,001245	0,001953	123,4	0,0034	2,6316	1,5686	lam.	0,0243

0,3958	-0,0092	0,9955	0,003200	0,001285	0,002037	128,6	0,0039	2,4896	1,5847	lam.	0,0225
0,4474	-0,0086	0,9949	0,003669	0,001400	0,002198	139,4	0,0030	2,6199	1,5697	lam.	0,0256
0,4996	-0,0078	0,9909	0,003871	0,001482	0,002327	147,4	0,0029	2,6127	1,5705	lam.	0,0262
0,5518	-0,0069	0,9864	0,004225	0,001581	0,002473	156,6	0,0025	2,6727	1,5647	lam.	0,0282
0,6034	-0,0060	0,9821	0,004558	0,001677	0,002617	165,4	0,0022	2,7179	1,5605	lam.	0,0299
0,6539	-0,0052	0,9819	0,004854	0,001767	0,002753	173,5	0,0020	2,7472	1,5579	lam.	0,0312
0,7028	-0,0043	0,9748	0,004880	0,001823	0,002851	179,0	0,0022	2,6774	1,5643	lam.	0,0302
0,7494	-0,0036	0,9746	0,005437	0,001934	0,003003	188,6	0,0017	2,8107	1,5526	lam.	0,0341
0,7934	-0,0029	0,9703	0,005393	0,001979	0,003087	192,9	0,0019	2,7254	1,5599	lam.	0,0324
0,8341	-0,0023	0,9669	0,005750	0,002061	0,003204	200,0	0,0017	2,7896	1,5543	lam.	0,0346
0,8712	-0,0018	0,9652	0,006005	0,002130	0,003305	205,9	0,0016	2,8198	1,5519	lam.	0,0359
0,9042	-0,0013	0,9585	0,006098	0,002176	0,003380	210,1	0,0016	2,8023	1,5533	lam.	0,0358
0,9327	-0,0009	0,9526	0,006814	0,002276	0,003505	218,1	0,0011	2,9936	1,5399	lam.	0,0422
0,9566	-0,0006	0,9477	0,007588	0,002361	0,003610	224,9	0,0008	3,2145	1,5291	lam.	0,0516
0,9754	-0,0003	0,9326	0,008582	0,002434	0,003699	230,7	0,0004	3,5259	1,5199	lam.	0,0721
0,9890	-0,0001	0,9103	0,006261	0,002626	0,003951	244,9	0,0012	2,3844	1,5047	turb.	0,0413
0,9972	-0,0000	0,8434	0,008674	0,002530	0,004387	213,4	0,0000	3,4289	1,7342	turb.	0,0000
1,0000	0,0000	0,0597	0,008674	0,002530	0,004387	15,1	0,0000	3,4289	1,7342	abgel.	0,0000

α	Ca	Cw	Cm 0.25		T.U.	T.L.	S.U.	S.L.	GZ	N.P.	D.P.
[°]	[-]	[-]	[-]	[-]	[-]	[-]	[-]	[-]	[-]	[-]	
-29,0	-0,048	0,36377		-0,014	0,978	0,004	0,984	0,025	-0,133	0,250	-0,048
-28,0	-0,053	0,33934		-0,014	0,978	0,003	0,984	0,025	-0,156	0,255	-0,022
-27,0	-0,058	0,31744		-0,014	0,978	0,003	0,984	0,025	-0,183	0,254	0,002
-26,0	-0,064	0,29926		-0,014	0,978	0,003	0,984	0,025	-0,213	0,251	0,025
-25,0	-0,070	0,27630		-0,014	0,978	0,003	0,984	0,024	-0,255	0,249	0,046
-24,0	-0,078	0,25876		-0,014	0,977	0,003	0,985	0,024	-0,301	0,247	0,066
-23,0	-0,087	0,24156		-0,014	0,977	0,003	0,985	0,024	-0,359	0,248	0,084
-22,0	-0,097	0,22163		-0,014	0,977	0,003	0,985	0,024	-0,437	0,245	0,101
-21,0	-0,109	0,20681		-0,014	0,977	0,003	0,984	0,024	-0,525	0,247	0,117
-20,0	-0,122	0,18727		-0,014	0,977	0,003	0,985	0,023	-0,652	0,247	0,131
-19,0	-0,138	0,17600		-0,015	0,977	0,002	0,985	0,023	-0,783	0,248	0,144
-18,0	-0,156	0,15874		-0,015	0,976	0,002	0,987	0,022	-0,984	0,249	0,157
-17,0	-0,177	0,14629		-0,015	0,973	0,002	0,988	0,021	-1,213	0,250	0,168
-16,0	-0,202	0,13522		-0,015	0,972	0,002	0,989	0,020	-1,493	0,258	0,178
-15,0	-0,230	0,12214		-0,014	0,970	0,002	0,989	0,017	-1,881	0,259	0,188
-14,0	-0,261	0,10876		-0,014	0,967	0,002	0,989	0,015	-2,399	0,257	0,196
-13,0	-0,295	0,12067		-0,014	0,965	0,001	0,990	0,012	-2,443	0,256	0,203
-12,0	-0,330	0,10500		-0,014	0,963	0,001	0,990	0,011	-3,141	0,256	0,209
-11,0	-0,363	0,08873		-0,013	0,960	0,001	0,990	0,009	-4,092	0,258	0,213
-10,0	-0,390	0,07873		-0,013	0,956	0,001	0,990	0,008	-4,957	0,256	0,216
-9,0	-0,405	0,06509		-0,013	0,945	0,002	0,991	0,007	-6,229	0,203	0,218
-8,0	-0,403	0,05643		-0,014	0,934	0,002	0,991	0,009	-7,137	0,261	0,216
-7,0	-0,378	0,04752		-0,013	0,923	0,003	0,992	0,007	-7,949	0,253	0,214
-6,0	-0,330	0,04132		-0,014	0,912	0,004	0,993	0,008	-7,988	0,262	0,208
-5,0	-0,261	0,03619		-0,015	0,890	0,005	0,994	0,010	-7,203	0,288	0,193

-4,0	-0,181	0,03149	-0,020	0,858	0,005	0,996	0,037	-5,742	0,414	0,142
-3,0	-0,116	0,00673	-0,039	0,837	0,007	0,997	0,998	-17,229	0,361	-0,083
-2,0	-0,004	0,00675	-0,039	0,775	0,010	1,000	0,998	-0,549	0,256	-10,344
-1,0	0,110	0,00379	-0,040	0,732	0,875	1,000	0,998	29,132	0,256	0,612
0,0	0,225	0,00417	-0,041	0,637	0,912	1,000	0,998	53,962	0,256	0,431
1,0	0,339	0,00473	-0,041	0,523	0,958	1,000	0,998	71,731	0,257	0,372
2,0	0,453	0,00585	-0,042	0,343	0,967	1,000	0,998	77,463	0,257	0,343
3,0	0,565	0,00630	-0,043	0,304	0,977	1,000	0,998	89,599	0,257	0,326
4,0	0,672	0,00904	-0,044	0,007	0,984	1,000	0,998	74,346	0,258	0,315
5,0	0,771	0,00984	-0,045	0,005	0,998	1,000	0,998	78,367	0,259	0,308
6,0	0,859	0,01071	-0,045	0,004	0,998	1,000	0,998	80,142	1,333	0,303
7,0	0,746	0,04419	-0,018	0,004	0,998	0,008	0,998	16,884	0,598	0,274
8,0	0,778	0,05134	-0,017	0,003	0,998	0,007	0,999	15,157	0,218	0,272
9,0	0,771	0,05978	-0,017	0,002	0,998	0,006	0,999	12,900	0,234	0,272
10,0	0,736	0,06901	-0,018	0,001	0,999	0,007	0,999	10,661	0,234	0,275
11,0	0,678	0,08471	-0,019	0,001	0,999	0,007	0,999	8,006	0,242	0,277
12,0	0,609	0,09583	-0,019	0,001	0,999	0,008	0,999	6,350	0,241	0,281
13,0	0,535	0,11028	-0,020	0,001	0,999	0,008	0,999	4,854	0,238	0,287
14,0	0,465	0,12890	-0,021	0,001	0,999	0,010	0,999	3,607	0,232	0,295
15,0	0,401	0,12090	-0,022	0,001	0,999	0,013	0,999	3,317	0,222	0,306
16,0	0,345	0,13398	-0,024	0,001	0,999	0,017	0,999	2,575	0,226	0,320
17,0	0,297	0,14722	-0,025	0,001	0,999	0,018	0,999	2,014	0,232	0,334
18,0	0,255	0,15955	-0,026	0,001	0,999	0,020	0,999	1,601	0,229	0,351
19,0	0,221	0,17801	-0,026	0,002	0,999	0,021	0,999	1,240	0,233	0,370
20,0	0,192	0,19021	-0,027	0,001	0,999	0,021	1,000	1,007	0,229	0,390
21,0	0,167	0,20896	-0,028	0,001	0,999	0,022	1,000	0,799	0,224	0,415
22,0	0,146	0,22828	-0,028	0,002	0,999	0,023	1,000	0,641	0,221	0,442
23,0	0,129	0,24651	-0,029	0,002	0,999	0,023	1,000	0,523	0,220	0,473
24,0	0,114	0,26379	-0,029	0,002	1,000	0,023	1,000	0,432	0,212	0,505
25,0	0,101	0,28691	-0,030	0,002	1,000	0,024	1,000	0,353	0,194	0,543
26,0	0,090	0,31288	-0,030	0,002	1,000	0,025	1,000	0,289	0,185	0,585
27,0	0,081	0,32898	-0,031	0,002	1,000	0,026	1,000	0,247	0,179	0,632
28,0	0,073	0,35325	-0,032	0,002	1,000	0,027	1,000	0,207	0,199	0,682
29,0	0,066	0,37916	-0,032	0,002	1,000	0,026	1,000	0,174	0,206	0,731
30,0	0,060	0,40570	-0,032	0,002	1,000	0,026	1,000	0,148	0,192	0,786

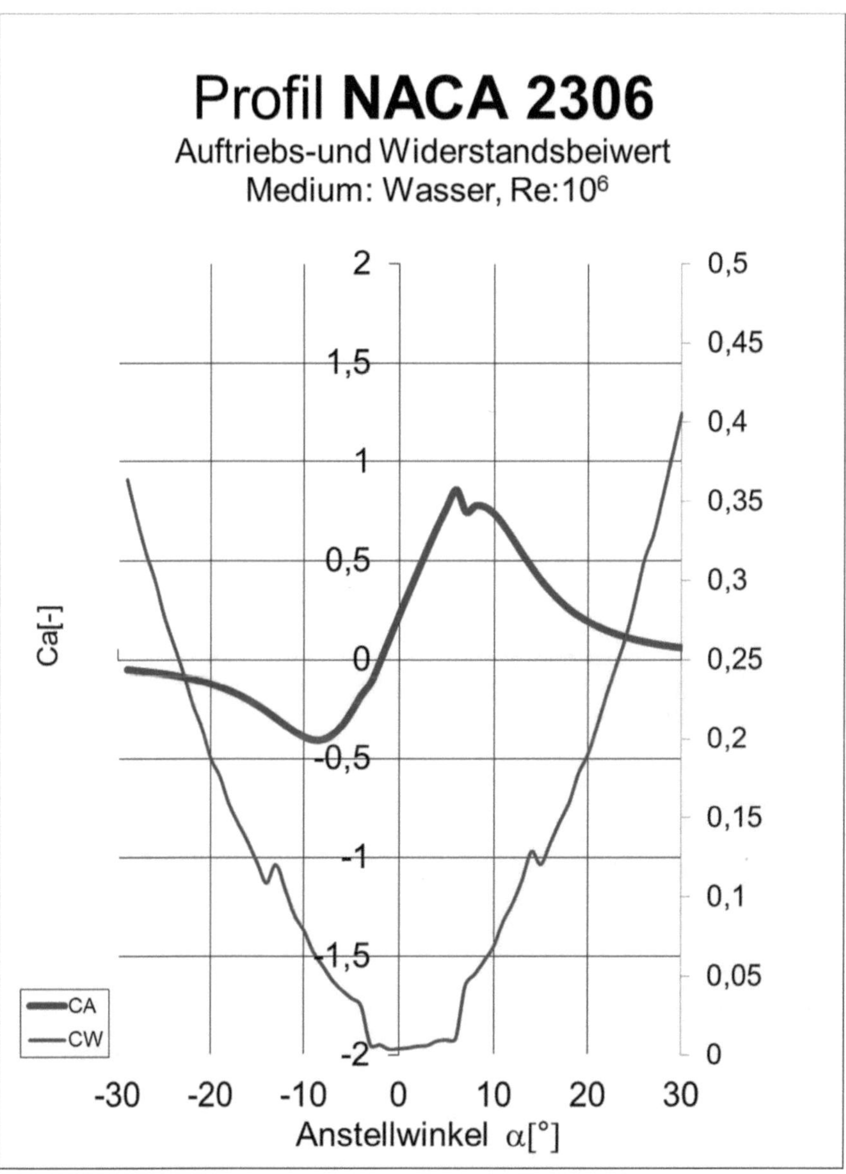
Profil NACA 2306
Auftriebs-und Widerstandsbeiwert
Medium: Wasser, Re:10⁶
Ca[-]
2
1,5
1
0,5
0
-0,5
-1
-1,5
-2
0,5
0,45
0,4
0,35
0,3
0,25
0,2
0,15
0,1
0,05
0
CA
CW
-30
-20
-10
0
10
20
30
Anstellwinkel α[°]

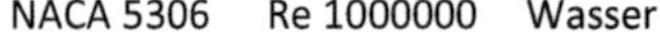

NACA 5306   Re 1000000   Wasser

x/l	y/l	v/V	δ_1	δ_2	δ_3	Reδ_2	C_f	H_12	H_32	Zust.	y1
[-]	[-]	[-]	[-]	[-]	[-]	[-]	[-]	[-]	[-]	[-]	[%]
1,0000	0,0000	0,0907	0,021316	0,004979	0,011245	45,2	0,0000	4,2812	2,2584	abgel.	0,0000
0,9974	0,0006	0,8487	0,021316	0,004979	0,011245	422,6	0,0000	4,2812	2,2584	turb.	0,0000
0,9893	0,0023	0,9370	0,009378	0,005262	0,008478	513,3	0,0024	1,7822	1,6113	turb.	0,0288
0,9758	0,0051	0,9755	0,007866	0,004696	0,007701	471,8	0,0029	1,6750	1,6399	turb.	0,0262
0,9572	0,0089	1,0053	0,006821	0,004242	0,007041	437,3	0,0033	1,6080	1,6599	turb.	0,0246
0,9337	0,0136	1,0314	0,005867	0,003787	0,006359	401,5	0,0037	1,5495	1,6792	turb.	0,0232
0,9054	0,0191	1,0602	0,005465	0,003553	0,005980	381,7	0,0038	1,5382	1,6830	turb.	0,0229
0,8726	0,0250	1,0746	0,004873	0,003224	0,005458	353,8	0,0041	1,5112	1,6926	turb.	0,0221
0,8358	0,0314	1,0973	0,004436	0,002961	0,005025	330,3	0,0042	1,4982	1,6974	turb.	0,0217
0,7952	0,0380	1,1159	0,004057	0,002719	0,004621	307,8	0,0044	1,4922	1,6996	turb.	0,0214
0,7514	0,0446	1,1325	0,003648	0,002460	0,004189	283,4	0,0045	1,4833	1,7030	turb.	0,0211
0,7049	0,0511	1,1521	0,003335	0,002243	0,003816	261,7	0,0046	1,4870	1,7016	turb.	0,0209
0,6560	0,0572	1,1670	0,003042	0,002032	0,003450	240,1	0,0046	1,4970	1,6979	turb.	0,0209
0,6054	0,0628	1,1819	0,002777	0,001828	0,003090	218,8	0,0045	1,5186	1,6900	turb.	0,0211
0,5535	0,0678	1,1965	0,002510	0,001618	0,002717	196,6	0,0044	1,5511	1,6788	turb.	0,0214
0,5011	0,0721	1,2149	0,002402	0,001462	0,002411	179,2	0,0038	1,6435	1,6494	turb.	0,0228
0,4486	0,0754	1,2259	0,002348	0,001291	0,002069	160,7	0,0030	1,8189	1,6032	turb.	0,0259
0,3966	0,0779	1,2450	0,002572	0,001149	0,001752	145,5	0,0016	2,2389	1,5252	turb.	0,0350
0,3458	0,0794	1,2663	0,002792	0,000959	0,001482	125,1	0,0022	2,9105	1,5451	lam.	0,0299
0,2965	0,0798	1,3043	0,002034	0,000796	0,001254	106,0	0,0044	2,5566	1,5766	lam.	0,0214
0,2484	0,0781	1,3318	0,001700	0,000691	0,001098	91,9	0,0058	2,4580	1,5887	lam.	0,0186
0,2031	0,0737	1,3292	0,001474	0,000611	0,000974	79,8	0,0071	2,4129	1,5945	lam.	0,0168
0,1614	0,0670	1,3067	0,001308	0,000541	0,000862	68,7	0,0082	2,4179	1,5939	lam.	0,0157
0,1237	0,0586	1,2690	0,001094	0,000462	0,000739	56,7	0,0105	2,3689	1,6005	lam.	0,0138
0,0904	0,0492	1,2274	0,000949	0,000397	0,000635	46,2	0,0126	2,3885	1,5978	lam.	0,0126
0,0620	0,0392	1,1607	0,000745	0,000316	0,000507	34,6	0,0176	2,3548	1,6025	lam.	0,0107
0,0386	0,0294	1,0926	0,000545	0,000235	0,000377	23,2	0,0274	2,3240	1,6069	lam.	0,0085
0,0207	0,0202	0,9902	0,000322	0,000143	0,000231	11,9	0,0587	2,2519	1,6175	lam.	0,0058
0,0082	0,0120	0,8300	0,000069	0,000031	0,000050	1,5	0,0001	2,2364	1,6200	lam.	0,1414
0,0013	0,0052	0,4557	0,000001	0,000000	0,000001	0,0	0,0000	2,2364	1,6200	lam.	0,0000
0,0000	0,0000	0,7124	0,000072	0,000032	0,000052	1,6	0,0001	2,2364	1,6200	lam.	0,1414
0,0042	-0,0034	1,2912	0,000280	0,000123	0,000199	8,8	0,0772	2,2733	1,6142	lam.	0,0051
0,0136	-0,0049	1,2061	0,000209	0,000094	0,000152	11,8	0,0620	2,2222	1,6222	lam.	0,0057
0,0283	-0,0045	1,1050	0,000705	0,000237	0,000365	28,6	0,0089	2,9709	1,5411	lam.	0,0150
0,0478	-0,0027	1,0463	0,001008	0,000415	0,000622	45,7	0,0016	2,4278	1,4981	turb.	0,0350
0,0720	0,0004	0,9913	0,001175	0,000542	0,000832	56,7	0,0022	2,1689	1,5357	turb.	0,0298
0,1006	0,0044	0,9440	0,001421	0,000709	0,001110	70,3	0,0027	2,0031	1,5642	turb.	0,0271
0,1332	0,0087	0,9108	0,001722	0,000907	0,001437	85,6	0,0031	1,8992	1,5850	turb.	0,0256
0,1695	0,0129	0,8843	0,001967	0,001099	0,001769	100,1	0,0035	1,7900	1,6100	turb.	0,0240
0,2091	0,0165	0,8674	0,002223	0,001301	0,002122	115,0	0,0038	1,7083	1,6310	turb.	0,0229
0,2516	0,0191	0,8578	0,002417	0,001480	0,002446	128,3	0,0042	1,6331	1,6525	turb.	0,0218
0,2967	0,0202	0,8686	0,002568	0,001637	0,002737	140,4	0,0046	1,5692	1,6727	turb.	0,0209
0,3452	0,0202	0,8914	0,002487	0,001675	0,002853	145,5	0,0052	1,4844	1,7027	turb.	0,0195
0,3955	0,0202	0,8965	0,002362	0,001662	0,002872	148,2	0,0058	1,4213	1,7277	turb.	0,0185

0,4469	0,0201	0,8984	0,002512	0,001775	0,003072	159,2	0,0058	1,4146	1,7304	turb.	0,0185
0,4989	0,0198	0,8987	0,002704	0,001912	0,003309	171,8	0,0057	1,4142	1,7306	turb.	0,0187
0,5510	0,0192	0,8999	0,002908	0,002055	0,003556	184,7	0,0056	1,4149	1,7303	turb.	0,0189
0,6026	0,0183	0,9018	0,003097	0,002191	0,003794	197,2	0,0056	1,4131	1,7310	turb.	0,0190
0,6530	0,0172	0,9002	0,003268	0,002318	0,004015	209,0	0,0055	1,4099	1,7324	turb.	0,0191
0,7019	0,0157	0,9047	0,003489	0,002470	0,004277	222,3	0,0054	1,4124	1,7313	turb.	0,0192
0,7486	0,0141	0,9029	0,003594	0,002560	0,004441	231,6	0,0054	1,4041	1,7349	turb.	0,0192
0,7925	0,0122	0,9082	0,003804	0,002703	0,004686	244,1	0,0053	1,4073	1,7335	turb.	0,0194
0,8334	0,0103	0,9074	0,003869	0,002766	0,004806	251,3	0,0054	1,3984	1,7374	turb.	0,0193
0,8705	0,0083	0,9116	0,004042	0,002885	0,005010	261,8	0,0053	1,4008	1,7363	turb.	0,0194
0,9037	0,0064	0,9112	0,004098	0,002938	0,005110	267,9	0,0054	1,3945	1,7391	turb.	0,0193
0,9324	0,0046	0,9126	0,004232	0,003031	0,005269	276,2	0,0053	1,3961	1,7383	turb.	0,0194
0,9563	0,0030	0,9126	0,004312	0,003092	0,005377	282,2	0,0053	1,3946	1,7390	turb.	0,0195
0,9752	0,0017	0,9094	0,004400	0,003154	0,005484	287,9	0,0053	1,3950	1,7388	turb.	0,0195
0,9889	0,0008	0,8855	0,004545	0,003245	0,005634	295,0	0,0052	1,4008	1,7363	turb.	0,0197
0,9971	0,0002	0,8385	0,005186	0,003590	0,006166	317,5	0,0047	1,4447	1,7176	turb.	0,0206
1,0000	0,0000	0,0907	0,021405	0,003417	0,011233	31,0	0,0000	6,2635	3,2871	turb.	0,0000

α	Ca	Cw	Cm 0.25		T.U.	T.L.	S.U.	S.L.	GZ	N.P.	D.P.
[°]	[-]	[-]	[-]	[-]	[-]	[-]	[-]	[-]	[-]	[-]	[-]
-29,0	-0,036	0,35702		-0,046	0,952	0,004	0,975	0,025	-0,101	0,381	-1,035
-28,0	-0,039	0,33374		-0,046	0,951	0,004	0,977	0,025	-0,117	0,372	-0,927
-27,0	-0,042	0,30993		-0,046	0,951	0,004	0,977	0,025	-0,137	0,339	-0,826
-26,0	-0,046	0,28582		-0,045	0,950	0,004	0,977	0,025	-0,162	0,308	-0,733
-25,0	-0,050	0,26893		-0,045	0,949	0,004	0,977	0,025	-0,188	0,296	-0,646
-24,0	-0,055	0,25269		-0,045	0,948	0,004	0,977	0,025	-0,218	0,296	-0,565
-23,0	-0,061	0,23427		-0,045	0,946	0,004	0,978	0,024	-0,259	0,295	-0,488
-22,0	-0,067	0,21499		-0,044	0,945	0,003	0,978	0,024	-0,310	0,287	-0,417
-21,0	-0,074	0,20300		-0,044	0,943	0,003	0,978	0,024	-0,363	0,286	-0,351
-20,0	-0,081	0,18829		-0,044	0,942	0,003	0,979	0,023	-0,433	0,286	-0,290
-19,0	-0,090	0,16907		-0,044	0,940	0,003	0,979	0,023	-0,534	0,273	-0,233
-18,0	-0,100	0,15638		-0,044	0,937	0,003	0,980	0,022	-0,642	0,279	-0,184
-17,0	-0,112	0,14269		-0,043	0,935	0,003	0,980	0,021	-0,782	0,289	-0,136
-16,0	-0,124	0,13225		-0,043	0,932	0,003	0,981	0,020	-0,939	0,285	-0,093
-15,0	-0,138	0,11852		-0,042	0,927	0,002	0,982	0,019	-1,163	0,303	-0,056
-14,0	-0,152	0,10945		-0,041	0,924	0,002	0,983	0,017	-1,393	0,330	-0,020
-13,0	-0,167	0,11978		-0,040	0,919	0,003	0,984	0,014	-1,396	0,310	0,012
-12,0	-0,181	0,10430		-0,039	0,914	0,002	0,986	0,013	-1,737	0,297	0,033
-11,0	-0,192	0,08917		-0,039	0,910	0,002	0,987	0,012	-2,156	0,337	0,049
-10,0	-0,197	0,07884		-0,038	0,893	0,002	0,990	0,010	-2,504	4,226	0,058
-9,0	-0,193	0,06768		-0,037	0,862	0,002	0,991	0,009	-2,847	0,183	0,059
-8,0	-0,174	0,05940		-0,036	0,848	0,002	0,991	0,008	-2,925	0,226	0,041
-7,0	-0,137	0,05117		-0,035	0,833	0,002	0,991	0,007	-2,676	0,263	-0,009
-6,0	-0,081	0,04428		-0,038	0,805	0,002	0,992	0,009	-1,825	0,278	-0,215
-5,0	-0,007	0,03861		-0,039	0,766	0,003	0,993	0,010	-0,189	0,259	-5,104
-4,0	0,079	0,03418		-0,039	0,733	0,005	0,994	0,010	2,302	0,261	0,747
-3,0	0,170	0,03107		-0,041	0,708	0,006	0,995	0,012	5,479	0,492	0,491

-2,0	0,328	0,00630	-0,100	0,647	0,008	0,996	0,998	52,047	0,466	0,553
-1,0	0,445	0,00713	-0,100	0,557	0,010	1,000	0,999	62,429	0,258	0,476
0,0	0,561	0,00845	-0,101	0,339	0,024	1,000	0,999	66,388	0,258	0,431
1,0	0,675	0,00855	-0,102	0,323	0,092	1,000	0,999	78,980	0,258	0,401
2,0	0,789	0,00717	-0,103	0,310	0,998	1,000	0,998	109,982	0,259	0,381
3,0	0,902	0,00764	-0,104	0,297	0,998	1,000	0,998	118,075	0,259	0,366
4,0	1,014	0,00814	-0,105	0,283	0,998	1,000	0,999	124,593	0,260	0,354
5,0	1,116	0,01211	-0,106	0,007	0,999	1,000	0,999	92,160	0,262	0,345
6,0	1,208	0,01333	-0,108	0,004	0,999	1,000	0,999	90,659	0,264	0,339
7,0	1,285	0,01473	-0,109	0,003	0,999	1,000	0,999	87,247	0,749	0,335
8,0	1,076	0,04882	-0,042	0,003	0,999	0,008	0,999	22,049	0,581	0,289
9,0	1,078	0,05630	-0,040	0,002	0,999	0,006	0,999	19,140	0,264	0,287
10,0	1,036	0,06510	-0,041	0,001	0,999	0,007	1,000	15,917	0,240	0,290
11,0	0,961	0,07730	-0,041	0,001	1,000	0,006	1,000	12,436	0,260	0,293
12,0	0,864	0,09218	-0,040	0,000	1,000	0,005	1,000	9,377	0,245	0,296
13,0	0,759	0,10286	-0,042	0,001	1,000	0,006	1,000	7,377	0,229	0,306
14,0	0,655	0,11874	-0,044	0,001	1,000	0,007	1,000	5,514	0,234	0,317
15,0	0,559	0,13615	-0,046	0,001	1,000	0,008	1,000	4,105	0,226	0,331
16,0	0,475	0,13392	-0,048	0,001	1,000	0,010	1,000	3,545	0,204	0,352
17,0	0,403	0,14879	-0,053	0,001	1,000	0,015	1,000	2,708	0,200	0,381
18,0	0,342	0,16263	-0,055	0,001	1,000	0,017	1,000	2,105	0,215	0,411
19,0	0,292	0,17907	-0,057	0,001	1,000	0,018	1,000	1,629	0,217	0,444
20,0	0,250	0,19467	-0,058	0,001	1,000	0,020	1,000	1,283	0,214	0,482
21,0	0,215	0,21247	-0,059	0,001	1,000	0,021	1,000	1,011	0,215	0,526
22,0	0,186	0,23295	-0,060	0,001	1,000	0,021	1,000	0,798	0,217	0,574
23,0	0,162	0,24542	-0,061	0,001	1,000	0,021	1,000	0,659	0,211	0,627
24,0	0,141	0,26939	-0,062	0,001	1,000	0,022	1,000	0,525	0,181	0,688
25,0	0,124	0,29085	-0,064	0,001	1,000	0,023	1,000	0,428	0,168	0,761
26,0	0,110	0,31001	-0,065	0,001	1,000	0,024	1,000	0,355	0,193	0,838
27,0	0,098	0,33440	-0,065	0,001	1,000	0,023	1,000	0,292	0,136	0,917
28,0	0,087	0,35332	-0,067	0,001	1,000	0,026	1,000	0,247	0,090	1,020
29,0	0,078	0,38415	-0,068	0,001	1,000	0,026	1,000	0,204	0,174	1,123
30,0	0,070	0,41295	-0,068	0,001	0,999	0,025	0,999	0,170	0,218	1,223

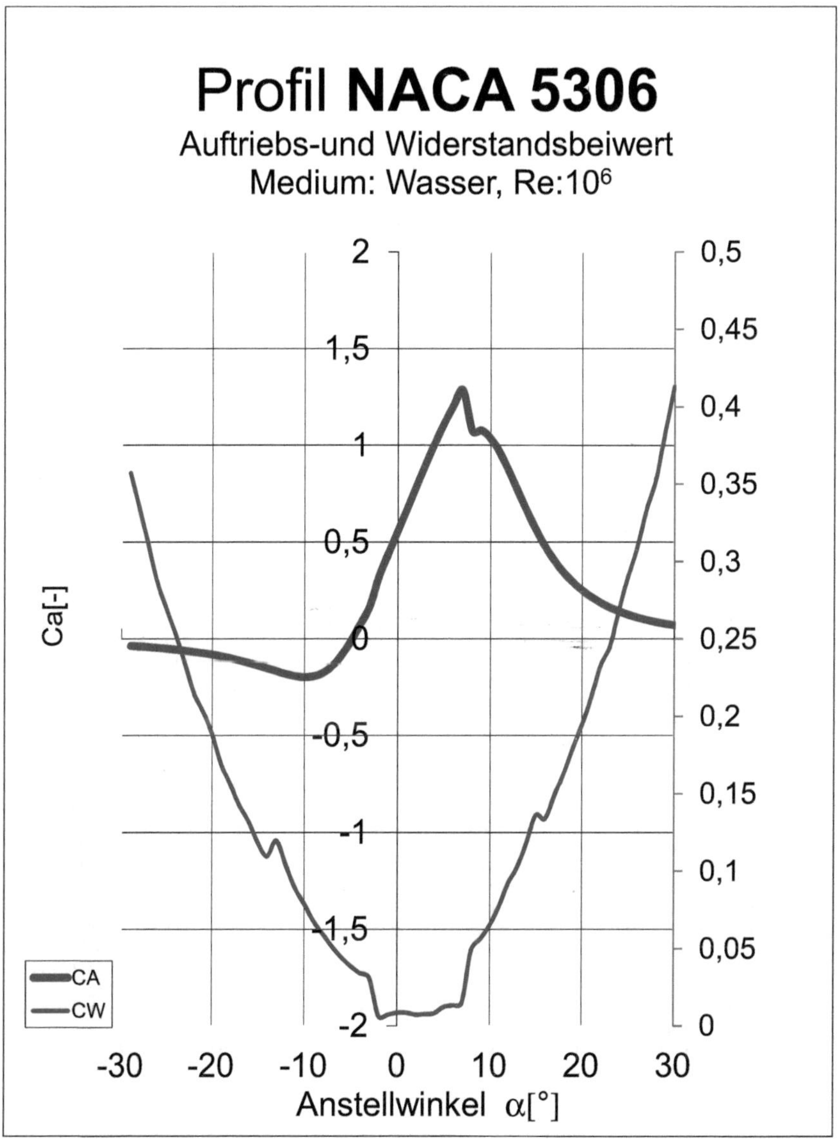
Profil NACA 5306
Auftriebs-und Widerstandsbeiwert
Medium: Wasser, Re:10⁶
Ca[-]
2
1,5
1
0,5
0
-0,5
-1
-1,5
-2
0,5
0,45
0,4
0,35
0,3
0,25
0,2
0,15
0,1
0,05
0
CA
CW
-30
-20
-10
0
10
20
30
Anstellwinkel α[°]

NACA 8306   Re 1000000   Wasser

x/l	y/l	v/V	δ_1	δ_2	δ_3	Reδ_2	C_f	H_12	H_32	Zust.	y1
[-]	[-]	[-]	[-]	[-]	[-]	[-]	[-]	[-]	[-]	[-]	[%]
1,0000	0,0000	0,0932	0,021728	0,005388	0,011293	50,2	0,0000	4,0325	2,0959	abgel.	0,0000
0,9974	0,0008	0,8003	0,021728	0,005388	0,011293	431,2	0,0000	4,0325	2,0959	abgel.	0,0000
0,9894	0,0032	0,9273	0,021728	0,005388	0,011293	499,7	0,0000	4,0325	2,0959	turb.	0,0000
0,9760	0,0072	0,9872	0,010902	0,005712	0,009039	584,9	0,0019	1,9087	1,5825	turb.	0,0322
0,9575	0,0125	1,0240	0,008962	0,005064	0,008177	534,5	0,0024	1,7695	1,6146	turb.	0,0287
0,9341	0,0190	1,0560	0,007434	0,004459	0,007323	485,9	0,0029	1,6671	1,6422	turb.	0,0261
0,9059	0,0266	1,0897	0,006370	0,003974	0,006603	445,5	0,0033	1,6029	1,6616	turb.	0,0246
0,8732	0,0350	1,1215	0,005711	0,003627	0,006060	415,2	0,0035	1,5745	1,6708	turb.	0,0238
0,8365	0,0438	1,1449	0,004966	0,003230	0,005436	379,5	0,0038	1,5377	1,6832	turb.	0,0228
0,7960	0,0530	1,1750	0,004468	0,002932	0,004950	351,3	0,0040	1,5238	1,6881	turb.	0,0224
0,7523	0,0621	1,1979	0,003991	0,002639	0,004466	322,6	0,0042	1,5122	1,6923	turb.	0,0219
0,7057	0,0710	1,2222	0,003571	0,002369	0,004013	295,1	0,0043	1,5072	1,6941	turb.	0,0216
0,6569	0,0794	1,2454	0,003207	0,002122	0,003592	268,9	0,0043	1,5112	1,6926	turb.	0,0215
0,6062	0,0871	1,2672	0,002874	0,001886	0,003184	243,2	0,0044	1,5238	1,6882	turb.	0,0214
0,5543	0,0939	1,2893	0,002609	0,001676	0,002811	219,5	0,0042	1,5566	1,6768	turb.	0,0218
0,5017	0,0996	1,3096	0,002395	0,001476	0,002445	196,5	0,0039	1,6219	1,6559	turb.	0,0227
0,4491	0,1041	1,3311	0,002290	0,001298	0,002098	175,7	0,0032	1,7640	1,6166	turb.	0,0251
0,3970	0,1073	1,3535	0,002358	0,001134	0,001758	156,6	0,0020	2,0794	1,5505	turb.	0,0314
0,3459	0,1092	1,3814	0,002676	0,000885	0,001361	128,0	0,0018	3,0242	1,5380	lam.	0,0331
0,2965	0,1098	1,4469	0,001752	0,000703	0,001113	104,6	0,0048	2,4927	1,5843	lam.	0,0203
0,2474	0,1072	1,4878	0,001476	0,000613	0,000977	90,2	0,0063	2,4092	1,5950	lam.	0,0178
0,2014	0,1005	1,4715	0,001270	0,000540	0,000865	77,2	0,0079	2,3526	1,6027	lam.	0,0159
0,1590	0,0905	1,4287	0,001143	0,000485	0,000778	66,0	0,0092	2,3547	1,6024	lam.	0,0147
0,1210	0,0781	1,3585	0,000984	0,000423	0,000679	54,2	0,0116	2,3277	1,6062	lam.	0,0131
0,0876	0,0644	1,2808	0,000861	0,000368	0,00059	43,4	0,0143	2,3397	1,6045	lam.	0,0118
0,0593	0,0502	1,1785	0,000686	0,000297	0,000478	31,9	0,0203	2,3105	1,6088	lam.	0,0099
0,0363	0,0366	1,0706	0,000519	0,000227	0,000366	21,0	0,0319	2,2865	1,6124	lam.	0,0079
0,0188	0,0241	0,9180	0,000304	0,000136	0,000220	9,6	0,0744	2,2372	1,6199	lam.	0,0052
0,0069	0,0136	0,7045	0,000095	0,000042	0,000069	1,1	0,0001	2,2364	1,6200	lam.	0,1414
0,0006	0,0055	0,2398	0,000001	0,000000	0,000001	0,0	0,0000	2,2364	1,6200	lam.	0,0000
0,0000	0,0000	1,0750	0,000088	0,000039	0,000064	1,3	0,0001	2,2364	1,6200	lam.	0,1414
0,0049	-0,0026	1,4682	0,000204	0,000091	0,000148	7,5	0,0943	2,2377	1,6198	lam.	0,0046
0,0150	-0,0022	1,2355	0,000679	0,001197	0,000356	147,9	0,0000	0,5671	0,2973	lam.	0,0000
0,0302	0,0009	1,0891	0,000679	0,001197	0,000356	130,4	0,0000	0,5671	0,2973	abgel.	0,0000
0,0502	0,0062	0,9899	0,000679	0,001197	0,000356	118,5	0,0000	0,5671	0,2973	abgel.	0,0000
0,0747	0,0132	0,9120	0,000679	0,001197	0,000356	109,2	0,0000	0,5671	0,2973	abgel.	0,0000
0,1034	0,0212	0,8525	0,000679	0,001197	0,000356	102,1	0,0000	0,5671	0,2973	abgel.	0,0000
0,1359	0,0295	0,8047	0,000679	0,001197	0,000356	96,3	0,0000	0,5671	0,2973	abgel.	0,0000
0,1718	0,0373	0,7684	0,000679	0,001197	0,000356	92,0	0,0000	0,5671	0,2973	abgel.	0,0000
0,2109	0,0438	0,7462	0,000679	0,001197	0,000356	89,3	0,0000	0,5671	0,2973	abgel.	0,0000
0,2526	0,0483	0,7371	0,000679	0,001197	0,000356	88,3	0,0000	0,5671	0,2973	abgel.	0,0000
0,2968	0,0502	0,7545	0,000679	0,001197	0,000356	90,3	0,0000	0,5671	0,2973	abgel.	0,0000

0,3450	0,0501	0,7896	0,000679	0,001197	0,000356	94,5	0,0000	0,5671	0,2973	abgel.	0,0000
0,3951	0,0497	0,7998	0,000679	0,001197	0,000356	95,8	0,0000	0,5671	0,2973	abgel.	0,0000
0,4464	0,0488	0,8076	0,000679	0,001197	0,000356	96,7	0,0000	0,5671	0,2973	abgel.	0,0000
0,4983	0,0474	0,8120	0,000679	0,001197	0,000356	97,2	0,0000	0,5671	0,2973	abgel.	0,0000
0,5502	0,0454	0,8157	0,000679	0,001197	0,000356	97,7	0,0000	0,5671	0,2973	abgel.	0,0000
0,6017	0,0427	0,8232	0,000679	0,001197	0,000356	98,6	0,0000	0,5671	0,2973	abgel.	0,0000
0,6522	0,0396	0,8248	0,000679	0,001197	0,000356	98,8	0,0000	0,5671	0,2973	abgel.	0,0000
0,7010	0,0359	0,8313	0,000679	0,001197	0,000356	99,5	0,0000	0,5671	0,2973	abgel.	0,0000
0,7477	0,0318	0,8372	0,000679	0,001197	0,000356	100,2	0,0000	0,5671	0,2973	abgel.	0,0000
0,7918	0,0274	0,8442	0,000679	0,001197	0,000356	101,1	0,0000	0,5671	0,2973	abgel.	0,0000
0,8326	0,0229	0,8508	0,000679	0,001197	0,000356	101,9	0,0000	0,5671	0,2973	abgel.	0,0000
0,8699	0,0184	0,8584	0,000679	0,001197	0,000356	102,8	0,0000	0,5671	0,2973	abgel.	0,0000
0,9032	0,0141	0,8641	0,000679	0,001197	0,000356	103,5	0,0000	0,5671	0,2973	abgel.	0,0000
0,9320	0,0101	0,8735	0,000679	0,001197	0,000356	104,6	0,0000	0,5671	0,2973	abgel.	0,0000
0,9560	0,0067	0,8722	0,000679	0,001197	0,000356	104,4	0,0000	0,5671	0,2973	abgel.	0,0000
0,9750	0,0038	0,8780	0,000679	0,001197	0,000356	105,1	0,0000	0,5671	0,2973	abgel.	0,0000
0,9888	0,0017	0,8609	0,000679	0,001197	0,000356	103,1	0,0000	0,5671	0,2973	abgel.	0,0000
0,9971	0,0004	0,7960	0,000679	0,001197	0,000356	95,3	0,0000	0,5671	0,2973	abgel.	0,0000
1,0000	0,0000	0,0932	0,000679	0,001197	0,000356	11,2	0,0000	0,5671	0,2973	abgel.	0,0000

α	Ca	Cw	Cm 0.25	T.U.	T.L.	S.U.	S.L.	GZ	N.P.	D.P.
[°]	[-]	[-]	[-]	[-]	[-]	[-]	[-]	[-]	[-]	[-]
-29,0	-0,029	0,33177	-0,076	0,935	0,005	0,966	0,026	-0,087	0,498	-2,370
-28,0	-0,031	0,31015	-0,075	0,933	0,005	0,968	0,026	-0,100	0,432	-2,178
-27,0	-0,033	0,29707	-0,075	0,930	0,005	0,970	0,027	-0,112	0,452	-2,002
-26,0	-0,036	0,27409	-0,074	0,928	0,004	0,972	0,026	-0,131	0,452	-1,824
-25,0	-0,039	0,25777	-0,074	0,926	0,005	0,973	0,026	-0,150	0,401	-1,665
-24,0	-0,042	0,24126	-0,074	0,923	0,004	0,974	0,026	-0,173	0,400	-1,511
-23,0	-0,045	0,22164	-0,073	0,921	0,004	0,975	0,026	-0,204	0,375	-1,369
-22,0	-0,049	0,20871	-0,073	0,918	0,004	0,977	0,025	-0,234	0,356	-1,236
-21,0	-0,053	0,19220	-0,072	0,915	0,004	0,977	0,025	-0,276	0,360	-1,114
-20,0	-0,057	0,18064	-0,072	0,912	0,004	0,977	0,024	-0,318	0,361	-0,998
-19,0	-0,062	0,16527	-0,071	0,909	0,004	0,978	0,024	-0,377	0,383	-0,894
-18,0	-0,067	0,15129	-0,070	0,905	0,004	0,978	0,023	-0,446	0,353	-0,794
-17,0	-0,073	0,13808	-0,070	0,898	0,004	0,979	0,022	-0,527	0,382	-0,713
-16,0	-0,078	0,12610	-0,069	0,891	0,004	0,980	0,021	-0,620	0,417	-0,632
-15,0	-0,083	0,11521	-0,068	0,885	0,003	0,981	0,020	-0,724	0,394	-0,570
-14,0	-0,088	0,10483	-0,068	0,878	0,003	0,981	0,019	-0,837	0,743	-0,520
-13,0	-0,090	0,11625	-0,065	0,864	0,003	0,983	0,015	-0,778	1,485	-0,468
-12,0	-0,090	0,10611	-0,065	0,838	0,003	0,986	0,014	-0,851	-0,053	-0,465
-11,0	-0,085	0,08895	-0,063	0,824	0,003	0,986	0,013	-0,958	0,107	-0,493
-10,0	-0,073	0,07930	-0,062	0,811	0,002	0,988	0,011	-0,915	0,192	-0,604
-9,0	-0,049	0,06838	-0,061	0,799	0,002	0,988	0,011	-0,719	0,212	-0,996
-8,0	-0,011	0,05932	-0,060	0,769	0,002	0,990	0,009	-0,188	0,219	-5,097
-7,0	0,044	0,05343	-0,058	0,738	0,002	0,990	0,008	0,830	0,224	1,565
-6,0	0,118	0,04626	-0,056	0,709	0,002	0,991	0,007	2,559	0,255	0,725
-5,0	0,209	0,04116	-0,059	0,675	0,002	0,990	0,008	5,074	0,284	0,533
-4,0	0,311	0,03623	-0,063	0,635	0,003	0,991	0,011	8,572	0,260	0,452

-3,0	0,416	0,03427	-0,061	0,335	0,005	0,991	0,009	12,144	0,260	0,397
-2,0	0,519	0,03205	-0,065	0,326	0,007	0,991	0,012	16,210	0,313	0,375
-1,0	0,619	0,03058	-0,074	0,318	0,007	0,992	0,022	20,232	0,509	0,370
0,0	0,887	0,00824	-0,160	0,312	0,010	0,992	0,999	107,671	0,478	0,430
1,0	1,001	0,00856	-0,161	0,306	0,015	0,994	0,999	116,997	0,262	0,411
2,0	1,115	0,00890	-0,163	0,300	0,049	0,997	0,999	125,332	0,263	0,396
3,0	1,229	0,01045	-0,164	0,293	0,099	1,000	1,000	117,541	0,263	0,384
4,0	1,341	0,00996	-0,166	0,284	0,999	1,000	0,999	134,626	0,263	0,374
5,0	1,452	0,01057	-0,167	0,276	0,999	1,000	0,999	137,360	0,263	0,365
6,0	1,549	0,01378	-0,169	0,005	0,999	0,988	0,999	112,416	0,263	0,359
7,0	1,627	0,01809	-0,170	0,003	0,999	0,971	0,999	89,934	0,265	0,354
8,0	1,684	0,01997	-0,171	0,003	0,999	0,949	1,000	84,300	0,707	0,351
9,0	1,396	0,05421	-0,064	0,002	1,000	0,007	1,000	25,748	0,589	0,296
10,0	1,363	0,06216	-0,062	0,001	1,000	0,005	1,000	21,924	0,250	0,295
11,0	1,286	0,07177	-0,064	0,000	1,000	0,006	1,000	17,919	0,248	0,300
12,0	1,173	0,08404	-0,062	0,000	1,000	0,005	1,000	13,956	0,268	0,303
13,0	1,039	0,09948	-0,060	0,000	1,000	0,004	1,000	10,444	0,248	0,307
14,0	0,900	0,11148	-0,063	0,000	1,000	0,005	1,000	8,077	0,226	0,320
15,0	0,768	0,12769	-0,066	0,000	1,000	0,006	1,000	6,018	0,229	0,336
16,0	0,650	0,14121	-0,068	0,000	1,000	0,006	1,000	4,602	0,231	0,355
17,0	0,547	0,16305	-0,070	0,000	1,000	0,007	1,000	3,357	0,180	0,379
18,0	0,462	0,15768	-0,081	0,000	1,000	0,013	1,000	2,927	0,159	0,426
19,0	0,390	0,17150	-0,085	0,000	1,000	0,016	1,000	2,272	0,204	0,467
20,0	0,330	0,18967	-0,087	0,000	1,000	0,017	1,000	1,742	0,208	0,515
21,0	0,281	0,20953	-0,089	0,000	1,000	0,018	1,000	1,343	0,148	0,567
22,0	0,241	0,22303	-0,097	0,000	1,000	0,025	1,000	1,082	0,117	0,650
23,0	0,208	0,24124	-0,099	0,000	1,000	0,027	1,000	0,862	0,243	0,726
24,0	0,180	0,26495	-0,097	0,000	1,000	0,023	1,000	0,679	0,198	0,788
25,0	0,157	0,28405	-0,102	0,000	1,000	0,027	1,000	0,553	0,129	0,897
26,0	0,138	0,30623	-0,102	0,000	0,999	0,026	0,999	0,449	0,167	0,992
27,0	0,121	0,32472	-0,105	0,001	0,998	0,028	0,999	0,373	0,063	1,113
28,0	0,107	0,34817	-0,108	0,001	0,998	0,031	0,999	0,309	0,081	1,252
29,0	0,096	0,36981	-0,109	0,001	0,998	0,031	0,999	0,259	0,231	1,389
30,0	0,085	0,40376	-0,108	0,001	0,998	0,028	0,999	0,212	0,327	1,516

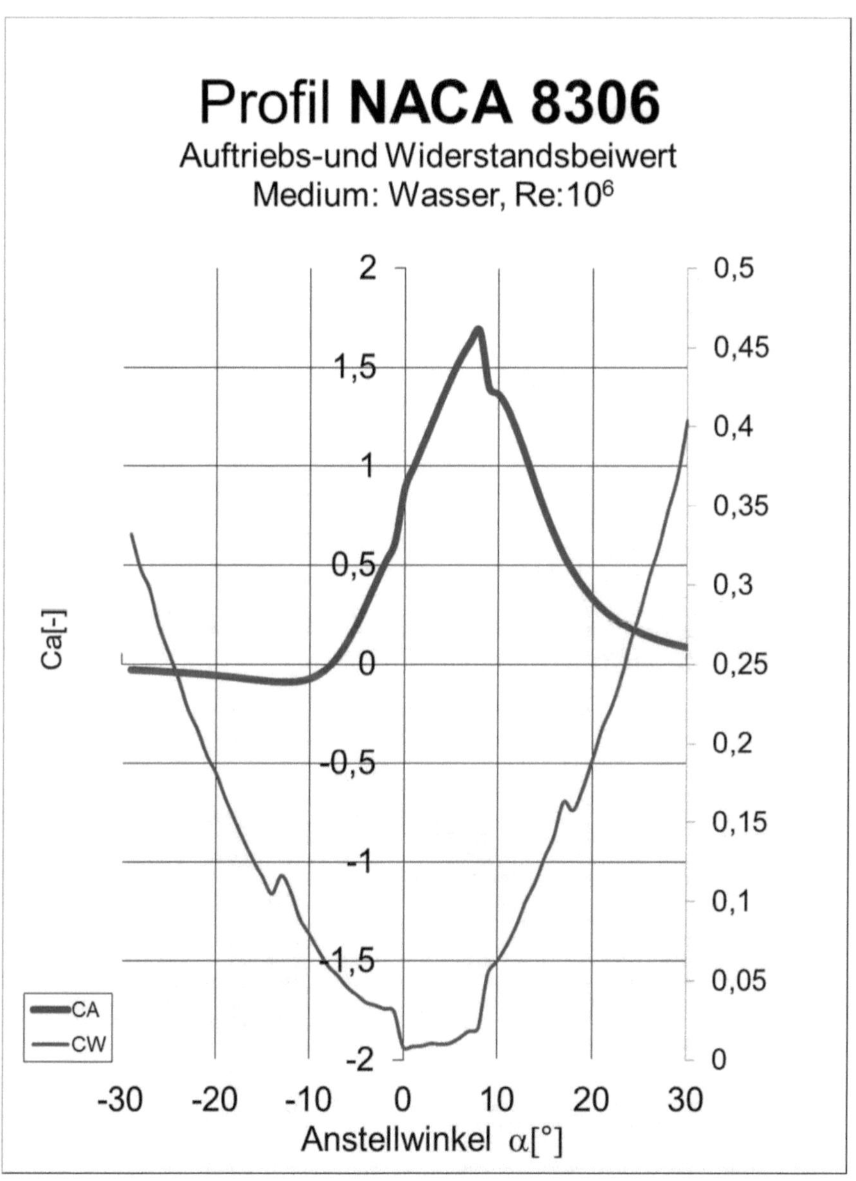
Profil NACA 8306
Auftriebs-und Widerstandsbeiwert
Medium: Wasser, Re:10⁶
Ca[-]
CA
CW
Anstellwinkel α[°]
-30
-20
-10
0
10
20
30
2
1,5
1
0,5
0
-0,5
-1
-1,5
-2
0,5
0,45
0,4
0,35
0,3
0,25
0,2
0,15
0,1
0,05
0

NACA 10306   Re 1000000   Wasser

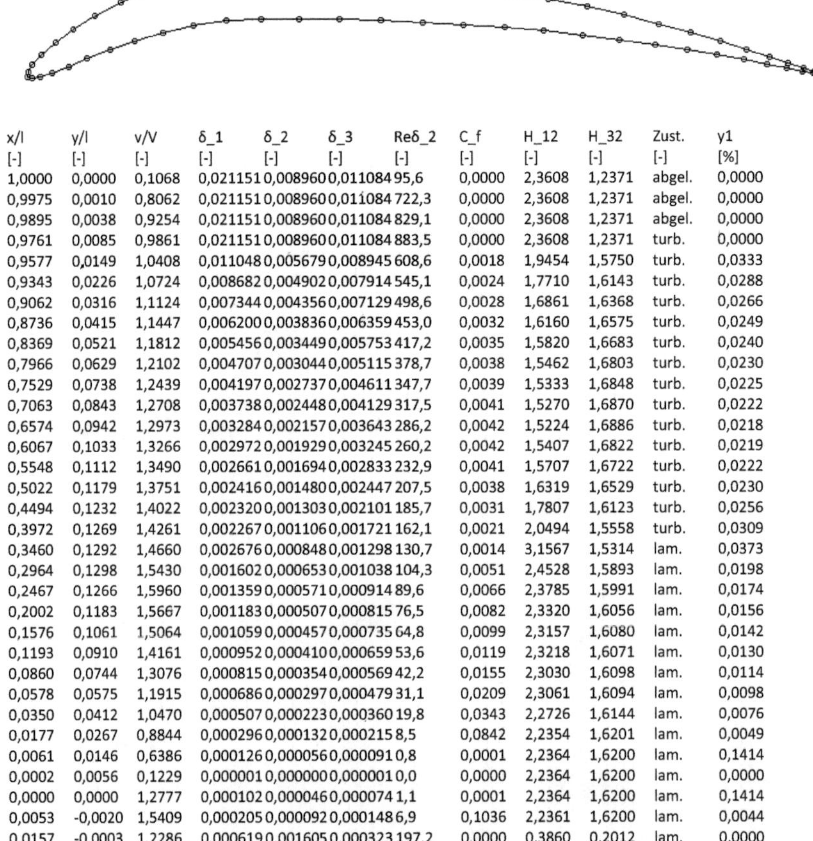

x/l	y/l	v/V	δ_1	δ_2	δ_3	Reδ_2	C_f	H_12	H_32	Zust.	y1
[-]	[-]	[-]	[-]	[-]	[-]	[-]	[-]	[-]	[-]	[-]	[%]
1,0000	0,0000	0,1068	0,021151	0,008960	0,011084	95,6	0,0000	2,3608	1,2371	abgel.	0,0000
0,9975	0,0010	0,8062	0,021151	0,008960	0,011084	722,3	0,0000	2,3608	1,2371	abgel.	0,0000
0,9895	0,0038	0,9254	0,021151	0,008960	0,011084	829,1	0,0000	2,3608	1,2371	abgel.	0,0000
0,9761	0,0085	0,9861	0,021151	0,008960	0,011084	883,5	0,0000	2,3608	1,2371	turb.	0,0000
0,9577	0,0149	1,0408	0,011048	0,005679	0,008945	608,6	0,0018	1,9454	1,5750	turb.	0,0333
0,9343	0,0226	1,0724	0,008682	0,004902	0,007914	545,1	0,0024	1,7710	1,6143	turb.	0,0288
0,9062	0,0316	1,1124	0,007344	0,004356	0,007129	498,6	0,0028	1,6861	1,6368	turb.	0,0266
0,8736	0,0415	1,1447	0,006200	0,003836	0,006359	453,0	0,0032	1,6160	1,6575	turb.	0,0249
0,8369	0,0521	1,1812	0,005456	0,003449	0,005753	417,2	0,0035	1,5820	1,6683	turb.	0,0240
0,7966	0,0629	1,2102	0,004707	0,003044	0,005115	378,7	0,0038	1,5462	1,6803	turb.	0,0230
0,7529	0,0738	1,2439	0,004197	0,002737	0,004611	347,7	0,0039	1,5333	1,6848	turb.	0,0225
0,7063	0,0843	1,2708	0,003738	0,002448	0,004129	317,5	0,0041	1,5270	1,6870	turb.	0,0222
0,6574	0,0942	1,2973	0,003284	0,002157	0,003643	286,2	0,0042	1,5224	1,6886	turb.	0,0218
0,6067	0,1033	1,3266	0,002972	0,001929	0,003245	260,2	0,0042	1,5407	1,6822	turb.	0,0219
0,5548	0,1112	1,3490	0,002661	0,001694	0,002833	232,9	0,0041	1,5707	1,6722	turb.	0,0222
0,5022	0,1179	1,3751	0,002416	0,001480	0,002447	207,5	0,0038	1,6319	1,6529	turb.	0,0230
0,4494	0,1232	1,4022	0,002320	0,001303	0,002101	185,7	0,0031	1,7807	1,6123	turb.	0,0256
0,3972	0,1269	1,4261	0,002267	0,001106	0,001721	162,1	0,0021	2,0494	1,5558	turb.	0,0309
0,3460	0,1292	1,4660	0,002676	0,000848	0,001298	130,7	0,0014	3,1567	1,5314	lam.	0,0373
0,2964	0,1298	1,5430	0,001602	0,000653	0,001038	104,3	0,0051	2,4528	1,5893	lam.	0,0198
0,2467	0,1266	1,5960	0,001359	0,000571	0,000914	89,6	0,0066	2,3785	1,5991	lam.	0,0174
0,2002	0,1183	1,5667	0,001183	0,000507	0,000815	76,5	0,0082	2,3320	1,6056	lam.	0,0156
0,1576	0,1061	1,5064	0,001059	0,000457	0,000735	64,8	0,0099	2,3157	1,6080	lam.	0,0142
0,1193	0,0910	1,4161	0,000952	0,000410	0,000659	53,6	0,0119	2,3218	1,6071	lam.	0,0130
0,0860	0,0744	1,3076	0,000815	0,000354	0,000569	42,2	0,0155	2,3030	1,6098	lam.	0,0114
0,0578	0,0575	1,1915	0,000686	0,000297	0,000479	31,1	0,0209	2,3061	1,6094	lam.	0,0098
0,0350	0,0412	1,0470	0,000507	0,000223	0,000360	19,8	0,0343	2,2726	1,6144	lam.	0,0076
0,0177	0,0267	0,8844	0,000296	0,000132	0,000215	8,5	0,0842	2,2354	1,6201	lam.	0,0049
0,0061	0,0146	0,6386	0,000126	0,000056	0,000091	0,8	0,0001	2,2364	1,6200	lam.	0,1414
0,0002	0,0056	0,1229	0,000001	0,000000	0,000001	0,0	0,0000	2,2364	1,6200	lam.	0,0000
0,0000	0,0000	1,2777	0,000102	0,000046	0,000074	1,1	0,0001	2,2364	1,6200	lam.	0,1414
0,0053	-0,0020	1,5409	0,000205	0,000092	0,000148	6,9	0,1036	2,2361	1,6200	lam.	0,0044
0,0157	-0,0003	1,2286	0,000619	0,001605	0,000323	197,2	0,0000	0,3860	0,2012	lam.	0,0000
0,0312	0,0046	1,0654	0,000619	0,001605	0,000323	171,0	0,0000	0,3860	0,2012	abgel.	0,0000
0,0515	0,0123	0,9435	0,000619	0,001605	0,000323	151,4	0,0000	0,3860	0,2012	abgel.	0,0000
0,0762	0,0219	0,8573	0,000619	0,001605	0,000323	137,6	0,0000	0,3860	0,2012	abgel.	0,0000
0,1050	0,0326	0,7915	0,000619	0,001605	0,000323	127,0	0,0000	0,3860	0,2012	abgel.	0,0000
0,1375	0,0436	0,7348	0,000619	0,001605	0,000323	117,9	0,0000	0,3860	0,2012	abgel.	0,0000
0,1733	0,0537	0,6973	0,000619	0,001605	0,000323	111,9	0,0000	0,3860	0,2012	abgel.	0,0000
0,2120	0,0621	0,6712	0,000619	0,001605	0,000323	107,7	0,0000	0,3860	0,2012	abgel.	0,0000

0,2533	0,0679	0,6598	0,000619	0,001605	0,000323	105,9	0,0000	0,3860	0,2012	abgel.	0,0000
0,2969	0,0702	0,6835	0,000619	0,001605	0,000323	109,7	0,0000	0,3860	0,2012	abgel.	0,0000
0,3449	0,0700	0,7246	0,000619	0,001605	0,000323	116,3	0,0000	0,3860	0,2012	abgel.	0,0000
0,3949	0,0693	0,7384	0,000619	0,001605	0,000323	118,5	0,0000	0,3860	0,2012	abgel.	0,0000
0,4461	0,0679	0,7489	0,000619	0,001605	0,000323	120,2	0,0000	0,3860	0,2012	abgel.	0,0000
0,4978	0,0658	0,7548	0,000619	0,001605	0,000323	121,1	0,0000	0,3860	0,2012	abgel.	0,0000
0,5497	0,0628	0,7626	0,000619	0,001605	0,000323	122,4	0,0000	0,3860	0,2012	abgel.	0,0000
0,6012	0,0590	0,7698	0,000619	0,001605	0,000323	123,5	0,0000	0,3860	0,2012	abgel.	0,0000
0,6516	0,0545	0,7759	0,000619	0,001605	0,000323	124,5	0,0000	0,3860	0,2012	abgel.	0,0000
0,7004	0,0493	0,7844	0,000619	0,001605	0,000323	125,9	0,0000	0,3860	0,2012	abgel.	0,0000
0,7471	0,0436	0,7922	0,000619	0,001605	0,000323	127,1	0,0000	0,3860	0,2012	abgel.	0,0000
0,7912	0,0375	0,8028	0,000619	0,001605	0,000323	128,8	0,0000	0,3860	0,2012	abgel.	0,0000
0,8322	0,0313	0,8108	0,000619	0,001605	0,000323	130,1	0,0000	0,3860	0,2012	abgel.	0,0000
0,8695	0,0251	0,8227	0,000619	0,001605	0,000323	132,0	0,0000	0,3860	0,2012	abgel.	0,0000
0,9028	0,0192	0,8326	0,000619	0,001605	0,000323	133,6	0,0000	0,3860	0,2012	abgel.	0,0000
0,9317	0,0138	0,8419	0,000619	0,001605	0,000323	135,1	0,0000	0,3860	0,2012	abgel.	0,0000
0,9558	0,0091	0,8472	0,000619	0,001605	0,000323	136,0	0,0000	0,3860	0,2012	abgel.	0,0000
0,9749	0,0052	0,8536	0,000619	0,001605	0,000323	137,0	0,0000	0,3860	0,2012	abgel.	0,0000
0,9887	0,0024	0,8290	0,000619	0,001605	0,000323	133,1	0,0000	0,3860	0,2012	abgel.	0,0000
0,9970	0,0006	0,7729	0,000619	0,001605	0,000323	124,0	0,0000	0,3860	0,2012	abgel.	0,0000
1,0000	0,0000	0,1068	0,000619	0,001605	0,000323	17,1	0,0000	0,3860	0,2012	abgel.	0,0000

α	Ca	Cw	Cm 0.25	T.U.	T.L.	S.U.	S.L.	GZ	N.P.	D.P.
[°]	[-]	[-]	[-]	[-]	[-]	[-]	[-]	[-]	[-]	
-29,0	-0,025	0,32377	-0,095	0,921	0,005	0,966	0,027	-0,076	0,786	-3,594
-28,0	-0,026	0,30395	-0,094	0,919	0,005	0,967	0,027	-0,087	0,731	-3,330
-27,0	-0,028	0,28549	-0,093	0,917	0,005	0,968	0,027	-0,098	0,598	-3,084
-26,0	-0,030	0,26507	-0,093	0,916	0,005	0,968	0,027	-0,113	0,533	-2,858
-25,0	-0,032	0,24660	-0,092	0,914	0,005	0,968	0,027	-0,129	0,500	-2,643
-24,0	-0,034	0,23586	-0,092	0,911	0,004	0,969	0,026	-0,145	0,474	-2,444
-23,0	-0,036	0,21726	-0,091	0,909	0,005	0,970	0,026	-0,168	0,514	-2,255
-22,0	-0,039	0,20095	-0,091	0,906	0,005	0,972	0,026	-0,194	0,473	-2,076
-21,0	-0,042	0,18863	-0,090	0,897	0,004	0,975	0,025	-0,221	0,443	-1,918
-20,0	-0,044	0,17404	-0,090	0,889	0,004	0,977	0,025	-0,255	0,510	-1,771
-19,0	-0,047	0,16083	-0,089	0,881	0,004	0,977	0,024	-0,293	0,502	-1,635
-18,0	-0,050	0,14799	-0,088	0,874	0,004	0,978	0,023	-0,336	0,553	-1,521
-17,0	-0,052	0,13586	-0,087	0,864	0,004	0,979	0,022	-0,384	0,822	-1,420
-16,0	-0,054	0,12478	-0,086	0,855	0,003	0,979	0,020	-0,434	1,033	-1,334
-15,0	-0,055	0,11525	-0,085	0,847	0,003	0,980	0,019	-0,478	14,585	-1,293
-14,0	-0,054	0,10231	-0,082	0,840	0,004	0,980	0,016	-0,531	-0,566	-1,263
-13,0	-0,051	0,12304	-0,082	0,818	0,003	0,982	0,016	-0,415	0,058	-1,350
-12,0	-0,044	0,10397	-0,080	0,798	0,003	0,983	0,014	-0,422	0,149	-1,580
-11,0	-0,031	0,09317	-0,080	0,781	0,002	0,984	0,013	-0,328	0,196	-2,358
-10,0	-0,009	0,08077	-0,078	0,767	0,002	0,984	0,012	-0,106	0,207	-8,896
-9,0	0,025	0,06788	-0,077	0,754	0,003	0,985	0,011	0,375	0,220	3,285
-8,0	0,075	0,05929	-0,076	0,722	0,002	0,986	0,010	1,267	0,222	1,258

-7,0	0,143	0,05218	-0,074	0,687	0,002	0,987	0,009	2,749	0,230	0,766
-6,0	0,231	0,04645	-0,073	0,652	0,002	0,988	0,008	4,978	0,220	0,564
-5,0	0,336	0,04300	-0,068	0,626	0,001	0,989	0,005	7,814	0,246	0,453
-4,0	0,452	0,03860	-0,072	0,335	0,002	0,987	0,007	11,715	0,294	0,409
-3,0	0,572	0,03469	-0,079	0,326	0,003	0,988	0,011	16,492	0,277	0,388
-2,0	0,688	0,03231	-0,078	0,318	0,006	0,989	0,010	21,278	0,266	0,364
-1,0	0,794	0,03199	-0,082	0,311	0,007	0,990	0,012	24,806	0,299	0,354
0,0	1,108	0,00751	-0,099	0,306	0,008	0,991	0,029	147,504	0,529	0,339
1,0	1,221	0,00928	-0,202	0,301	0,011	0,991	0,999	131,618	0,713	0,415
2,0	1,334	0,00974	-0,203	0,296	0,028	0,992	0,999	136,847	0,266	0,403
3,0	1,446	0,01037	-0,205	0,289	0,049	0,996	1,000	139,534	0,267	0,392
4,0	1,559	0,01235	-0,207	0,282	0,095	1,000	1,000	126,274	0,268	0,383
5,0	1,670	0,01298	-0,209	0,276	0,132	1,000	1,000	128,673	0,267	0,375
6,0	1,779	0,01317	-0,211	0,272	0,999	1,000	0,999	135,034	0,257	0,369
7,0	1,851	0,02104	-0,211	0,004	0,999	0,938	0,999	87,957	0,254	0,364
8,0	1,913	0,02316	-0,212	0,002	0,999	0,917	0,999	82,579	0,270	0,361
9,0	1,950	0,02579	-0,213	0,001	0,999	0,890	0,999	75,613	0,647	0,359
10,0	1,576	0,06088	-0,078	0,001	0,999	0,006	1,000	25,887	0,545	0,300
11,0	1,500	0,07096	-0,080	0,000	1,000	0,006	1,000	21,135	0,253	0,303
12,0	1,379	0,08152	-0,077	0,000	1,000	0,005	1,000	16,913	0,274	0,306
13,0	1,229	0,09446	-0,073	0,000	1,000	0,003	1,000	13,008	0,257	0,309
14,0	1,068	0,10739	-0,075	0,000	1,000	0,004	1,000	9,947	0,235	0,320
15,0	0,912	0,12433	-0,078	0,000	1,000	0,004	1,000	7,336	0,235	0,335
16,0	0,770	0,13830	-0,080	0,000	1,000	0,005	1,000	5,566	0,226	0,354
17,0	0,646	0,15785	-0,084	0,000	1,000	0,006	1,000	4,093	0,218	0,380
18,0	0,541	0,17705	-0,087	0,000	1,000	0,006	1,000	3,058	0,156	0,411
19,0	0,455	0,17224	-0,102	0,000	1,000	0,013	1,000	2,643	0,136	0,474
20,0	0,384	0,18923	-0,105	0,000	1,000	0,014	1,000	2,027	0,180	0,524
21,0	0,325	0,20418	-0,111	0,000	0,999	0,018	1,000	1,592	0,139	0,592
22,0	0,277	0,22128	-0,117	0,000	0,998	0,022	0,999	1,252	0,113	0,672
23,0	0,238	0,23974	-0,123	0,000	0,998	0,027	0,999	0,991	0,132	0,769
24,0	0,205	0,25752	-0,125	0,000	0,998	0,028	0,999	0,795	0,197	0,863
25,0	0,177	0,27884	-0,126	0,000	0,998	0,027	0,999	0,636	0,178	0,962
26,0	0,155	0,30040	-0,129	0,000	0,998	0,029	0,999	0,515	0,127	1,084
27,0	0,136	0,32544	-0,132	0,000	0,998	0,030	0,999	0,417	0,115	1,219
28,0	0,120	0,34331	-0,134	0,000	0,998	0,031	0,999	0,349	0,115	1,368
29,0	0,106	0,36805	-0,136	0,000	0,998	0,031	0,999	0,288	0,105	1,528
30,0	0,094	0,39334	-0,137	0,000	0,998	0,032	0,999	0,240	0,093	1,705

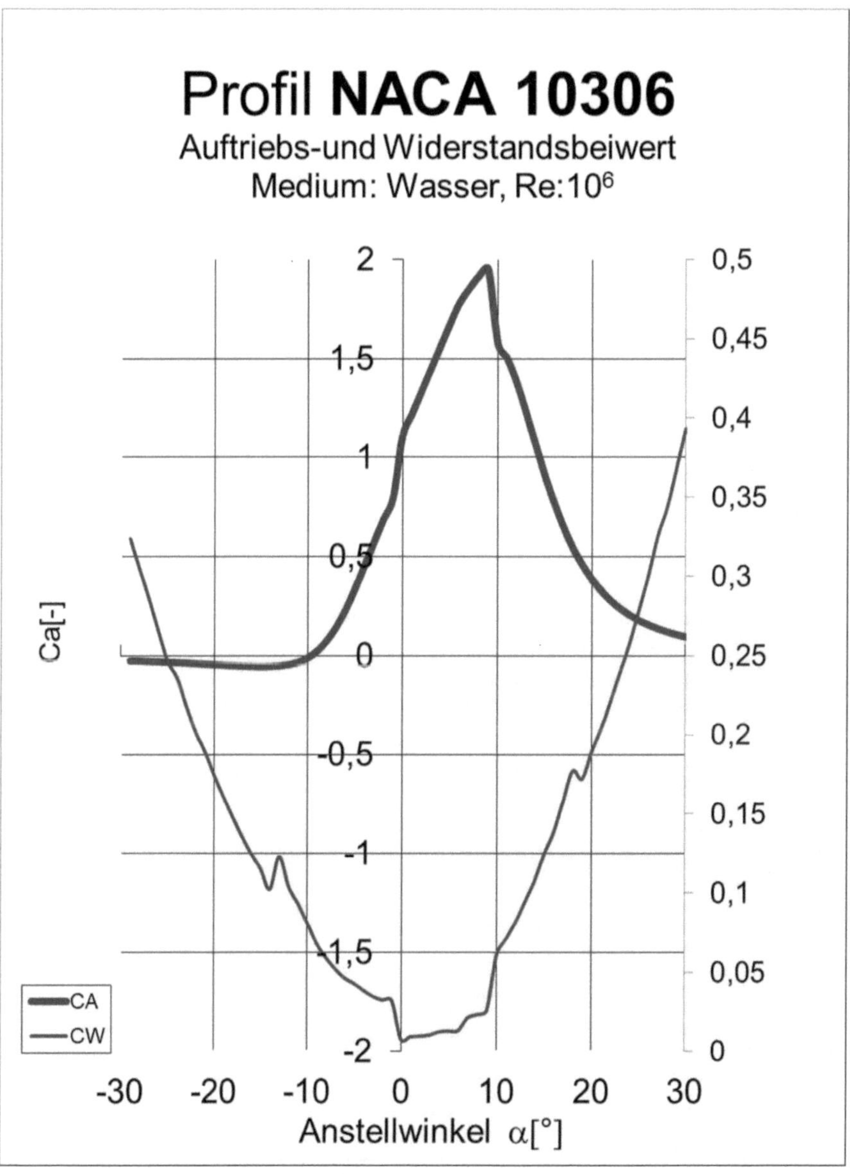
Profil NACA 10306
Auftriebs-und Widerstandsbeiwert
Medium: Wasser, Re:10^6
Ca[-]
CA
CW
Anstellwinkel α[°]

NACA 8309   Re 1000000   Wasser

x/l	y/l	v/V	δ_1	δ_2	δ_3	Reδ_2	C_f	H_12	H_32	Zust.	y1
[-]	[-]	[-]	[-]	[-]	[-]	[-]	[-]	[-]	[-]	[-]	[%]
1,0000	0,0000	0,1406	0,021280	0,009281	0,011092	130,5	0,0000	2,2929	1,1951	abgel.	0,0000
0,9975	0,0009	0,7365	0,021280	0,009281	0,011092	683,9	0,0000	2,2929	1,1951	abgel.	0,0000
0,9895	0,0036	0,8915	0,021280	0,009281	0,011092	827,8	0,0000	2,2929	1,1951	abgel.	0,0000
0,9763	0,0080	0,9593	0,021280	0,009281	0,011092	890,8	0,0000	2,2929	1,1951	turb.	0,0000
0,9579	0,0139	0,9995	0,010595	0,005564	0,008810	583,7	0,0019	1,9044	1,5836	turb.	0,0321
0,9346	0,0213	1,0485	0,008889	0,004974	0,008010	536,4	0,0024	1,7870	1,6103	turb.	0,0291
0,9065	0,0297	1,0778	0,007291	0,004343	0,007117	484,4	0,0029	1,6790	1,6389	turb.	0,0264
0,8740	0,0391	1,1149	0,006247	0,003861	0,006397	443,1	0,0032	1,6180	1,6569	turb.	0,0249
0,8374	0,0491	1,1475	0,005420	0,003439	0,005744	405,4	0,0035	1,5760	1,6703	turb.	0,0238
0,7971	0,0594	1,1786	0,004812	0,003095	0,005193	373,2	0,0037	1,5544	1,6775	turb.	0,0231
0,7534	0,0697	1,2054	0,004238	0,002760	0,004648	340,7	0,0039	1,5355	1,6840	turb.	0,0225
0,7069	0,0798	1,2341	0,003743	0,002454	0,004141	309,8	0,0041	1,5254	1,6875	turb.	0,0221
0,6580	0,0894	1,2616	0,003337	0,002186	0,003689	281,5	0,0042	1,5262	1,6873	turb.	0,0218
0,6073	0,0982	1,2871	0,002979	0,001936	0,003259	254,1	0,0042	1,5382	1,6831	turb.	0,0218
0,5553	0,1060	1,3120	0,002684	0,001709	0,002857	228,3	0,0041	1,5709	1,6721	turb.	0,0221
0,5026	0,1126	1,3355	0,002431	0,001490	0,002464	203,1	0,0038	1,6311	1,6531	turb.	0,0229
0,4498	0,1179	1,3621	0,002308	0,001305	0,002108	181,1	0,0031	1,7687	1,6154	turb.	0,0253
0,3974	0,1217	1,3875	0,002323	0,001125	0,001747	159,8	0,0021	2,0654	1,5530	turb.	0,0312
0,3462	0,1240	1,4203	0,002661	0,000880	0,001354	130,9	0,0018	3,0226	1,5382	lam.	0,0334
0,2964	0,1247	1,4867	0,001764	0,000702	0,001110	107,3	0,0046	2,5136	1,5817	lam.	0,0209
0,2461	0,1219	1,5285	0,001445	0,000603	0,000963	91,5	0,0063	2,3963	1,5967	lam.	0,0178
0,1990	0,1147	1,5162	0,001267	0,000536	0,000858	78,6	0,0076	2,3650	1,6010	lam.	0,0162
0,1559	0,1038	1,4672	0,001115	0,000475	0,000762	66,6	0,0093	2,3451	1,6038	lam.	0,0147
0,1173	0,0903	1,3989	0,000969	0,000416	0,000667	54,6	0,0115	2,3313	1,6057	lam.	0,0132
0,0837	0,0752	1,3122	0,000831	0,000358	0,000575	43,3	0,0147	2,3226	1,6070	lam.	0,0117
0,0555	0,0595	1,2060	0,000672	0,000292	0,000469	31,5	0,0207	2,3062	1,6094	lam.	0,0098
0,0328	0,0441	1,0791	0,000505	0,000222	0,000359	20,5	0,0333	2,2735	1,6143	lam.	0,0078
0,0159	0,0299	0,9137	0,000306	0,000137	0,000221	9,1	0,0780	2,2356	1,6201	lam.	0,0051
0,0048	0,0176	0,6689	0,000113	0,000050	0,000082	0,9	0,0001	2,2364	1,6200	lam.	0,1414
-0,0005	0,0075	0,1556	0,000001	0,000000	0,000001	0,0	0,0000	2,2364	1,6200	lam.	0,0000
0,0000	0,0000	0,8407	0,000111	0,000050	0,000081	1,1	0,0001	2,2364	1,6200	lam.	0,1414
0,0059	-0,0046	1,3348	0,000215	0,000096	0,000156	8,1	0,0884	2,2354	1,6201	lam.	0,0048
0,0170	-0,0061	1,2419	0,000250	0,000111	0,000180	15,1	0,0471	2,2424	1,6191	lam.	0,0065
0,0330	-0,0049	1,1306	0,000797	0,000262	0,000402	32,5	0,0070	3,0462	1,5367	lam.	0,0169
0,0536	-0,0013	1,0296	0,001567	0,001546	0,000811	159,2	0,0000	1,0136	0,5248	turb.	0,0000
0,0785	0,0040	0,9571	0,001567	0,001546	0,000811	148,0	0,0000	1,0136	0,5248	abgel.	0,0000
0,1073	0,0105	0,8935	0,001567	0,001546	0,000811	138,2	0,0000	1,0136	0,5248	abgel.	0,0000
0,1396	0,0174	0,8453	0,001567	0,001546	0,000811	130,7	0,0000	1,0136	0,5248	abgel.	0,0000
0,1750	0,0240	0,8095	0,001567	0,001546	0,000811	125,2	0,0000	1,0136	0,5248	abgel.	0,0000
0,2132	0,0297	0,7809	0,001567	0,001546	0,000811	120,8	0,0000	1,0136	0,5248	abgel.	0,0000
0,2539	0,0336	0,7722	0,001567	0,001546	0,000811	119,4	0,0000	1,0136	0,5248	abgel.	0,0000
0,2969	0,0353	0,7872	0,001567	0,001546	0,000811	121,7	0,0000	1,0136	0,5248	abgel.	0,0000
0,3448	0,0353	0,8209	0,001567	0,001546	0,000811	126,9	0,0000	1,0136	0,5248	abgel.	0,0000

0,3947	0,0352	0,8310	0,001567	0,001546	0,000811	128,5	0,0000	1,0136	0,5248	abgel.	0,0000
0,4457	0,0350	0,8318	0,001567	0,001546	0,000811	128,6	0,0000	1,0136	0,5248	abgel.	0,0000
0,4974	0,0343	0,8360	0,001567	0,001546	0,000811	129,3	0,0000	1,0136	0,5248	abgel.	0,0000
0,5492	0,0332	0,8380	0,001567	0,001546	0,000811	129,6	0,0000	1,0136	0,5248	abgel.	0,0000
0,6006	0,0317	0,8372	0,001567	0,001546	0,000811	129,5	0,0000	1,0136	0,5248	abgel.	0,0000
0,6510	0,0296	0,8411	0,001567	0,001546	0,000811	130,1	0,0000	1,0136	0,5248	abgel.	0,0000
0,6998	0,0271	0,8429	0,001567	0,001546	0,000811	130,4	0,0000	1,0136	0,5248	abgel.	0,0000
0,7466	0,0242	0,8459	0,001567	0,001546	0,000811	130,8	0,0000	1,0136	0,5248	abgel.	0,0000
0,7907	0,0210	0,8494	0,001567	0,001546	0,000811	131,4	0,0000	1,0136	0,5248	abgel.	0,0000
0,8317	0,0176	0,8544	0,001567	0,001546	0,000811	132,1	0,0000	1,0136	0,5248	abgel.	0,0000
0,8691	0,0142	0,8577	0,001567	0,001546	0,000811	132,6	0,0000	1,0136	0,5248	abgel.	0,0000
0,9025	0,0109	0,8619	0,001567	0,001546	0,000811	133,3	0,0000	1,0136	0,5248	abgel.	0,0000
0,9315	0,0079	0,8599	0,001567	0,001546	0,000811	133,0	0,0000	1,0136	0,5248	abgel.	0,0000
0,9556	0,0052	0,8612	0,001567	0,001546	0,000811	133,2	0,0000	1,0136	0,5248	abgel.	0,0000
0,9748	0,0030	0,8522	0,001567	0,001546	0,000811	131,8	0,0000	1,0136	0,5248	abgel.	0,0000
0,9886	0,0014	0,8193	0,001567	0,001546	0,000811	126,7	0,0000	1,0136	0,5248	abgel.	0,0000
0,9970	0,0003	0,7525	0,001567	0,001546	0,000811	116,4	0,0000	1,0136	0,5248	abgel.	0,0000
1,0000	0,0000	0,1406	0,001567	0,001546	0,000811	21,7	0,0000	1,0136	0,5248	abgel.	0,0000

α	Ca	Cw	Cm 0.25	T.U.	T.L.	S.U.	S.L.	GZ	N.P.	D.P.
[°]	[-]	[-]	[-]	[-]	[-]	[-]	[-]	[-]	[-]	[-]
-29,0	-0,106	0,35318	-0,078	0,939	0,003	0,969	0,028	-0,300	0,365	-0,487
-28,0	-0,113	0,33858	-0,077	0,938	0,003	0,969	0,028	-0,334	0,371	-0,434
-27,0	-0,121	0,31730	-0,076	0,938	0,003	0,968	0,027	-0,380	0,357	-0,384
-26,0	-0,129	0,29958	-0,076	0,937	0,003	0,968	0,027	-0,430	0,353	-0,338
-25,0	-0,137	0,27582	-0,075	0,936	0,003	0,968	0,026	-0,498	0,356	-0,293
-24,0	-0,147	0,25850	-0,074	0,930	0,003	0,973	0,025	-0,568	0,323	-0,252
-23,0	-0,157	0,24662	-0,073	0,921	0,003	0,977	0,025	-0,636	0,337	-0,217
-22,0	-0,168	0,22284	-0,072	0,914	0,003	0,978	0,023	-0,752	0,358	-0,180
-21,0	-0,179	0,21329	-0,071	0,907	0,002	0,979	0,022	-0,838	0,327	-0,147
-20,0	-0,190	0,19597	-0,070	0,899	0,003	0,980	0,021	-0,970	0,363	-0,120
-19,0	-0,201	0,17911	-0,068	0,892	0,003	0,981	0,019	-1,124	0,417	-0,090
-18,0	-0,212	0,19938	-0,067	0,886	0,003	0,982	0,017	-1,063	0,379	-0,064
-17,0	-0,222	0,17308	-0,066	0,879	0,002	0,982	0,016	-1,281	0,349	-0,047
-16,0	-0,229	0,16544	-0,065	0,872	0,002	0,983	0,015	-1,385	0,470	-0,033
-15,0	-0,233	0,14154	-0,063	0,859	0,002	0,984	0,013	-1,648	0,682	-0,021
-14,0	-0,232	0,12633	-0,064	0,847	0,002	0,985	0,013	-1,839	0,287	-0,023
-13,0	-0,224	0,10889	-0,064	0,834	0,003	0,985	0,013	-2,061	0,257	-0,033
-12,0	-0,207	0,09262	-0,064	0,817	0,003	0,986	0,013	-2,240	0,269	-0,057
-11,0	-0,179	0,08156	-0,064	0,802	0,003	0,987	0,014	-2,198	0,268	-0,109
-10,0	-0,138	0,07107	-0,065	0,775	0,004	0,988	0,014	-1,942	0,238	-0,220
-9,0	-0,083	0,06152	-0,063	0,746	0,005	0,990	0,012	-1,348	0,232	-0,513
-8,0	-0,014	0,05377	-0,063	0,720	0,006	0,990	0,012	-0,266	0,256	-4,133
-7,0	0,066	0,04768	-0,064	0,693	0,007	0,990	0,013	1,388	0,271	1,219
-6,0	0,156	0,04218	-0,066	0,665	0,007	0,990	0,015	3,700	0,267	0,675
-5,0	0,250	0,03768	-0,067	0,628	0,008	0,990	0,015	6,632	0,295	0,519
-4,0	0,347	0,03395	-0,075	0,584	0,009	0,990	0,025	10,236	0,346	0,466
-3,0	0,449	0,03173	-0,086	0,337	0,010	0,990	0,049	14,143	0,436	0,442

-2,0	0,570	0,02230	-0,116	0,326	0,011	0,989	0,211	25,565	0,460	0,454
-1,0	0,799	0,00823	-0,160	0,318	0,014	0,990	0,998	97,069	0,381	0,450
0,0	0,915	0,00752	-0,161	0,311	0,025	0,990	0,998	121,688	0,262	0,426
1,0	1,031	0,00772	-0,163	0,306	0,039	0,989	0,999	133,562	0,263	0,408
2,0	1,146	0,00795	-0,164	0,300	0,070	0,989	0,999	144,114	0,264	0,393
3,0	1,261	0,00830	-0,166	0,292	0,104	0,988	0,999	151,806	0,264	0,382
4,0	1,374	0,00769	-0,167	0,282	0,998	0,986	0,998	178,688	0,265	0,372
5,0	1,486	0,00827	-0,169	0,274	0,998	0,984	0,998	179,612	0,266	0,364
6,0	1,597	0,00890	-0,171	0,268	0,998	0,982	0,998	179,414	0,266	0,357
7,0	1,706	0,01260	-0,173	0,262	0,998	0,978	0,998	135,330	0,268	0,351
8,0	1,791	0,01342	-0,174	0,256	0,998	0,970	0,999	133,485	0,256	0,347
9,0	1,834	0,02347	-0,173	0,004	0,999	0,889	0,999	78,122	0,249	0,345
10,0	1,876	0,02627	-0,174	0,003	0,999	0,860	0,999	71,428	0,277	0,343
11,0	1,895	0,02958	-0,175	0,002	0,999	0,826	0,999	64,066	0,344	0,342
12,0	1,889	0,03367	-0,176	0,001	0,999	0,786	0,999	56,103	0,235	0,343
13,0	1,857	0,03872	-0,176	0,001	0,999	0,741	1,000	47,956	0,247	0,345
14,0	1,804	0,04449	-0,176	0,001	0,999	0,698	1,000	40,548	0,251	0,347
15,0	1,730	0,05191	-0,176	0,001	1,000	0,650	1,000	33,324	0,258	0,351
16,0	1,630	0,06147	-0,174	0,000	1,000	0,590	1,000	26,517	0,471	0,357
17,0	1,317	0,13797	-0,084	0,000	1,000	0,014	1,000	9,546	0,497	0,314
18,0	1,199	0,15424	-0,068	0,000	1,000	0,005	1,000	7,775	0,312	0,307
19,0	1,084	0,17236	-0,070	-0,000	1,000	0,005	1,000	6,289	0,247	0,314
20,0	0,973	0,19491	-0,069	-0,000	1,000	0,004	1,000	4,990	0,247	0,321
21,0	0,869	0,21522	-0,070	-0,000	1,000	0,005	1,000	4,036	0,190	0,331
22,0	0,774	0,23940	-0,081	-0,000	1,000	0,008	1,000	3,234	0,148	0,354
23,0	0,689	0,26150	-0,089	-0,000	1,000	0,013	1,000	2,637	0,186	0,379
24,0	0,613	0,28103	-0,091	-0,000	1,000	0,013	1,000	2,183	0,223	0,398
25,0	0,546	0,31035	-0,092	-0,000	1,000	0,014	1,000	1,760	0,231	0,419
26,0	0,487	0,33550	-0,093	-0,000	1,000	0,013	1,000	1,452	0,224	0,441
27,0	0,435	0,35540	-0,095	-0,000	1,000	0,014	1,000	1,225	0,210	0,469
28,0	0,390	0,38515	-0,097	-0,000	0,999	0,014	1,000	1,013	0,205	0,499
29,0	0,351	0,40831	-0,099	-0,000	0,999	0,015	0,999	0,859	0,198	0,533
30,0	0,316	0,43224	-0,101	-0,000	0,998	0,016	0,999	0,731	0,201	0,569

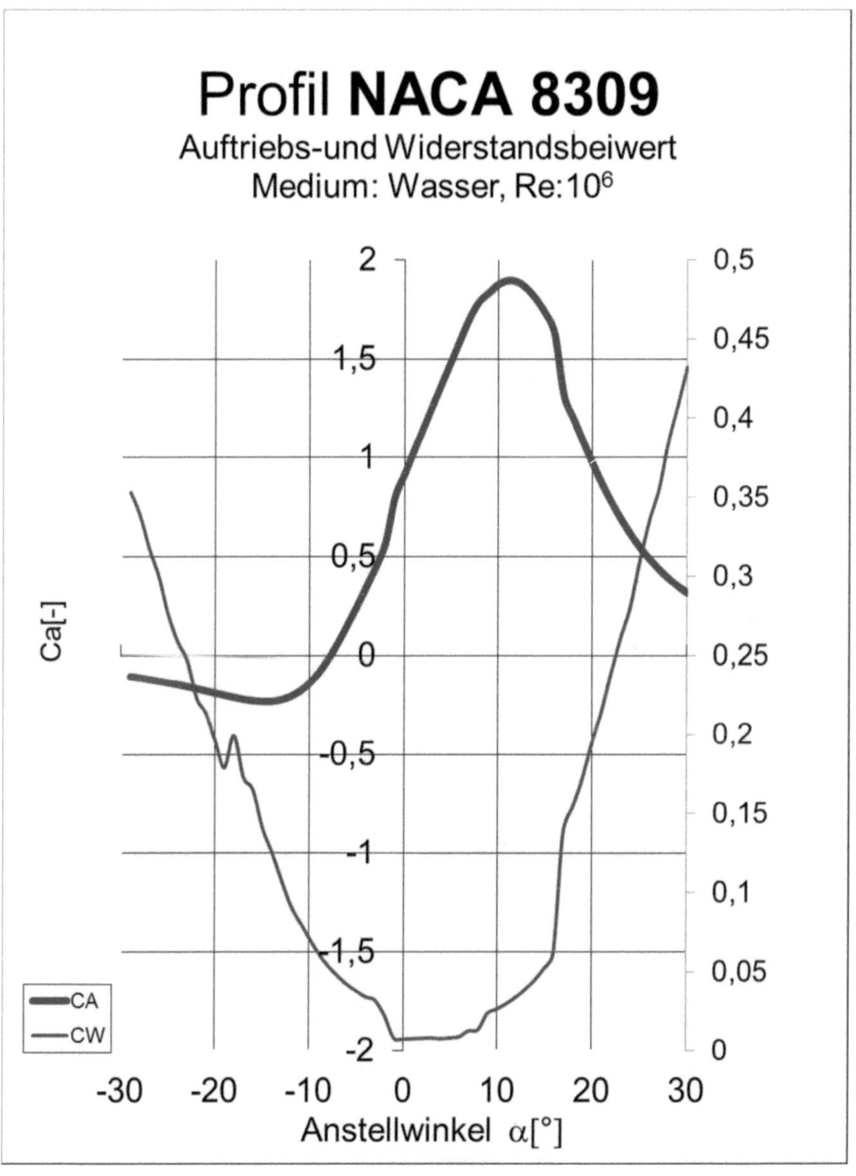
Profil NACA 8309
Auftriebs-und Widerstandsbeiwert
Medium: Wasser, Re:10⁶
Ca[-]
CA
CW
Anstellwinkel α[°]

NACA 10309   Re 1000000   Wasser

x/l	y/l	v/V	δ_1	δ_2	δ_3	Reδ_2	C_f	H_12	H_32	Zust.	y1
[-]	[-]	[-]	[-]	[-]	[-]	[-]	[-]	[-]	[-]	[-]	[%]
1,0000	0,0000	0,1541	0,020935	0,010890	0,010859	168,0	0,0000	1,9224	0,9971	abgel.	0,0000
0,9976	0,0011	0,7438	0,020935	0,010890	0,010859	810,9	0,0000	1,9224	0,9971	abgel.	0,0000
0,9896	0,0042	0,8892	0,020935	0,010890	0,010859	969,4	0,0000	1,9224	0,9971	abgel.	0,0000
0,9765	0,0093	0,9611	0,020935	0,010890	0,010859	1047,7	0,0000	1,9224	0,9971	abgel.	0,0000
0,9582	0,0163	1,0191	0,020935	0,010890	0,010859	1110,9	0,0000	1,9224	0,9971	turb.	0,0000
0,9349	0,0248	1,0580	0,010412	0,005419	0,008561	598,4	0,0019	1,9216	1,5800	turb.	0,0326
0,9070	0,0347	1,1032	0,008495	0,004758	0,007665	542,5	0,0024	1,7851	1,6108	turb.	0,0291
0,8746	0,0456	1,1395	0,006926	0,004125	0,006760	487,2	0,0029	1,6791	1,6389	turb.	0,0264
0,8381	0,0573	1,1804	0,005883	0,003632	0,006016	442,2	0,0032	1,6197	1,6564	turb.	0,0249
0,7979	0,0693	1,2162	0,005107	0,003224	0,005377	403,2	0,0035	1,5839	1,6677	turb.	0,0239
0,7543	0,0813	1,2493	0,004465	0,002861	0,004794	367,1	0,0037	1,5604	1,6755	turb.	0,0232
0,7078	0,0930	1,2815	0,003922	0,002536	0,004260	333,2	0,0039	1,5467	1,6801	turb.	0,0227
0,6589	0,1041	1,3132	0,003454	0,002238	0,003763	301,0	0,0040	1,5433	1,6813	turb.	0,0223
0,6081	0,1143	1,3438	0,003074	0,001976	0,003315	271,4	0,0040	1,5553	1,6773	turb.	0,0223
0,5561	0,1233	1,3721	0,002705	0,001715	0,002865	241,1	0,0040	1,5767	1,6702	turb.	0,0224
0,5032	0,1310	1,4045	0,002478	0,001505	0,002480	215,5	0,0037	1,6467	1,6484	turb.	0,0234
0,4503	0,1370	1,4304	0,002274	0,001288	0,002081	189,0	0,0031	1,7659	1,6161	turb.	0,0253
0,3978	0,1414	1,4660	0,002320	0,001118	0,001734	167,7	0,0020	2,0754	1,5511	turb.	0,0316
0,3463	0,1439	1,4985	0,002647	0,000843	0,001292	133,7	0,0014	3,1387	1,5322	lam.	0,0372
0,2963	0,1447	1,5831	0,001598	0,000650	0,001033	106,6	0,0050	2,4580	1,5886	lam.	0,0200
0,2451	0,1413	1,6369	0,001349	0,000567	0,000907	91,3	0,0065	2,3789	1,5991	lam.	0,0176
0,1973	0,1324	1,6079	0,001169	0,000502	0,000806	77,7	0,0081	2,3288	1,6061	lam.	0,0157
0,1536	0,1192	1,5449	0,001051	0,000453	0,000728	65,8	0,0097	2,3198	1,6074	lam.	0,0143
0,1148	0,1029	1,4490	0,000931	0,000402	0,000647	53,8	0,0119	2,3158	1,6079	lam.	0,0129
0,0812	0,0849	1,3377	0,000801	0,000348	0,000560	42,2	0,0155	2,3034	1,6098	lam.	0,0114
0,0531	0,0664	1,2109	0,000663	0,000290	0,000467	30,8	0,0216	2,2902	1,6118	lam.	0,0096
0,0308	0,0485	1,0585	0,000498	0,000220	0,000356	19,2	0,0360	2,2637	1,6157	lam.	0,0075
0,0143	0,0322	0,8701	0,000301	0,000135	0,000218	8,1	0,0884	2,2352	1,6202	lam.	0,0048
0,0037	0,0184	0,5984	0,000176	0,000079	0,000128	0,6	0,0001	2,2364	1,6200	lam.	0,1414
-0,0010	0,0075	0,0482	0,000001	0,000000	0,000001	0,0	0,0000	2,2364	1,6200	lam.	0,0000
0,0000	0,0000	1,0010	0,000144	0,000064	0,000104	0,8	0,0001	2,2364	1,6200	lam.	0,1414
0,0065	-0,0039	1,4163	0,000205	0,000092	0,000149	7,6	0,0946	2,2352	1,6202	lam.	0,0046
0,0181	-0,0040	1,2430	0,000269	0,000119	0,000192	16,9	0,0414	2,2577	1,6167	lam.	0,0070
0,0346	-0,0009	1,1033	0,000933	0,001656	0,000483	182,9	0,0000	0,5633	0,2915	turb.	0,0000
0,0556	0,0050	0,9893	0,000933	0,001656	0,000483	164,0	0,0000	0,5633	0,2915	abgel.	0,0000
0,0808	0,0130	0,8989	0,000933	0,001656	0,000483	149,0	0,0000	0,5633	0,2915	abgel.	0,0000
0,1098	0,0222	0,8292	0,000933	0,001656	0,000483	137,5	0,0000	0,5633	0,2915	abgel.	0,0000
0,1421	0,0317	0,7745	0,000933	0,001656	0,000483	128,4	0,0000	0,5633	0,2915	abgel.	0,0000
0,1772	0,0406	0,7320	0,000933	0,001656	0,000483	121,3	0,0000	0,5633	0,2915	abgel.	0,0000
0,2149	0,0480	0,7057	0,000933	0,001656	0,000483	117,0	0,0000	0,5633	0,2915	abgel.	0,0000
0,2549	0,0532	0,6906	0,000933	0,001656	0,000483	114,5	0,0000	0,5633	0,2915	abgel.	0,0000
0,2970	0,0552	0,7162	0,000933	0,001656	0,000483	118,7	0,0000	0,5633	0,2915	abgel.	0,0000
0,3447	0,0552	0,7543	0,000933	0,001656	0,000483	125,0	0,0000	0,5633	0,2915	abgel.	0,0000
0,3943	0,0549	0,7658	0,000933	0,001656	0,000483	126,9	0,0000	0,5633	0,2915	abgel.	0,0000
0,4452	0,0541	0,7731	0,000933	0,001656	0,000483	128,2	0,0000	0,5633	0,2915	abgel.	0,0000

0,4968	0,0527	0,7788	0,000933	0,001656	0,000483	129,1	0,0000	0,5633	0,2915	abgel.	0,0000
0,5485	0,0507	0,7820	0,000933	0,001656	0,000483	129,6	0,0000	0,5633	0,2915	abgel.	0,0000
0,5998	0,0480	0,7856	0,000933	0,001656	0,000483	130,2	0,0000	0,5633	0,2915	abgel.	0,0000
0,6501	0,0446	0,7904	0,000933	0,001656	0,000483	131,0	0,0000	0,5633	0,2915	abgel.	0,0000
0,6989	0,0406	0,7946	0,000933	0,001656	0,000483	131,7	0,0000	0,5633	0,2915	abgel.	0,0000
0,7457	0,0360	0,8035	0,000933	0,001656	0,000483	133,2	0,0000	0,5633	0,2915	abgel.	0,0000
0,7899	0,0312	0,8065	0,000933	0,001656	0,000483	133,7	0,0000	0,5633	0,2915	abgel.	0,0000
0,8310	0,0261	0,8146	0,000933	0,001656	0,000483	135,0	0,0000	0,5633	0,2915	abgel.	0,0000
0,8685	0,0210	0,8219	0,000933	0,001656	0,000483	136,2	0,0000	0,5633	0,2915	abgel.	0,0000
0,9020	0,0161	0,8283	0,000933	0,001656	0,000483	137,3	0,0000	0,5633	0,2915	abgel.	0,0000
0,9311	0,0116	0,8316	0,000933	0,001656	0,000483	137,9	0,0000	0,5633	0,2915	abgel.	0,0000
0,9554	0,0076	0,8366	0,000933	0,001656	0,000483	138,7	0,0000	0,5633	0,2915	abgel.	0,0000
0,9746	0,0044	0,8277	0,000933	0,001656	0,000483	137,2	0,0000	0,5633	0,2915	abgel.	0,0000
0,9885	0,0020	0,8024	0,000933	0,001656	0,000483	133,0	0,0000	0,5633	0,2915	abgel.	0,0000
0,9969	0,0005	0,7224	0,000933	0,001656	0,000483	119,8	0,0000	0,5633	0,2915	abgel.	0,0000
1,0000	0,0000	0,1541	0,000933	0,001656	0,000483	25,5	0,0000	0,5633	0,2915	abgel.	0,0000

α	Ca	Cw	Cm 0.25	T.U.	T.L.	S.U.	S.L.	GZ	N.P.	D.P.
[°]	[-]	[-]	[-]	[-]	[-]	[-]	[-]	[-]	[-]	[-]
-29,0	-0,088	0,34601	-0,099	0,922	0,004	0,972	0,029	-0,254	0,485	-0,872
-28,0	-0,093	0,31906	-0,098	0,920	0,004	0,973	0,028	-0,292	0,452	-0,798
-27,0	-0,099	0,30755	-0,097	0,917	0,004	0,974	0,028	-0,320	0,451	-0,730
-26,0	-0,104	0,28409	-0,095	0,915	0,004	0,975	0,027	-0,367	0,430	-0,663
-25,0	-0,111	0,27050	-0,094	0,912	0,003	0,976	0,027	-0,409	0,414	-0,604
-24,0	-0,117	0,25149	-0,093	0,909	0,004	0,976	0,026	-0,465	0,451	-0,546
-23,0	-0,124	0,23354	-0,092	0,904	0,004	0,977	0,024	-0,530	0,421	-0,492
-22,0	-0,131	0,21953	-0,091	0,894	0,003	0,978	0,024	-0,595	0,398	-0,446
-21,0	-0,137	0,20316	-0,090	0,885	0,003	0,979	0,023	-0,676	0,492	-0,403
-20,0	-0,144	0,18549	-0,088	0,876	0,003	0,980	0,021	-0,776	0,530	-0,359
-19,0	-0,150	0,17679	-0,086	0,866	0,002	0,981	0,019	-0,848	0,533	-0,326
-18,0	-0,155	0,19419	-0,085	0,857	0,003	0,981	0,018	-0,796	0,561	-0,297
-17,0	-0,158	0,18012	-0,084	0,849	0,003	0,982	0,017	-0,875	1,039	-0,282
-16,0	-0,158	0,15950	-0,082	0,841	0,002	0,982	0,015	-0,990	-0,651	-0,269
-15,0	-0,154	0,14174	-0,081	0,827	0,002	0,983	0,014	-1,088	0,058	-0,273
-14,0	-0,145	0,12748	-0,080	0,813	0,002	0,984	0,013	-1,137	0,165	-0,299
-13,0	-0,128	0,11186	-0,079	0,799	0,002	0,984	0,012	-1,149	0,206	-0,361
-12,0	-0,103	0,09779	-0,078	0,777	0,002	0,985	0,012	-1,050	0,259	-0,507
-11,0	-0,066	0,08508	-0,079	0,757	0,003	0,985	0,013	-0,770	0,278	-0,957
-10,0	-0,015	0,07316	-0,080	0,730	0,002	0,986	0,013	-0,210	0,269	-4,965
-9,0	0,049	0,06415	-0,081	0,706	0,003	0,986	0,014	0,758	0,265	1,922
-8,0	0,126	0,05569	-0,082	0,676	0,004	0,987	0,015	2,264	0,242	0,902
-7,0	0,215	0,04798	-0,080	0,646	0,006	0,987	0,012	4,487	0,240	0,621
-6,0	0,313	0,04275	-0,080	0,613	0,007	0,987	0,012	7,332	0,254	0,506
-5,0	0,417	0,03939	-0,081	0,337	0,008	0,984	0,012	10,588	0,271	0,444
-4,0	0,521	0,03587	-0,085	0,328	0,008	0,985	0,015	14,527	0,280	0,412

-3,0	0,623	0,03315	-0,087	0,321	0,009	0,984	0,017	18,797	0,327	0,389
-2,0	0,728	0,03084	-0,100	0,315	0,009	0,984	0,033	23,599	0,435	0,388
-1,0	0,844	0,02664	-0,128	0,310	0,011	0,983	0,107	31,670	0,494	0,401
0,0	1,140	0,01109	-0,201	0,305	0,014	0,982	0,998	102,794	0,433	0,426
1,0	1,255	0,01144	-0,203	0,301	0,027	0,981	0,998	109,658	0,265	0,412
2,0	1,369	0,01187	-0,205	0,297	0,043	0,980	0,999	115,351	0,266	0,400
3,0	1,482	0,01246	-0,207	0,288	0,065	0,978	0,999	118,943	0,267	0,389
4,0	1,593	0,01306	-0,208	0,281	0,097	0,975	0,999	121,949	0,267	0,381
5,0	1,703	0,01369	-0,210	0,276	0,149	0,971	1,000	124,453	0,268	0,374
6,0	1,812	0,01365	-0,212	0,271	0,998	0,967	0,998	132,755	0,269	0,367
7,0	1,918	0,01450	-0,214	0,266	0,998	0,962	0,999	132,336	0,270	0,362
8,0	2,023	0,01536	-0,217	0,261	0,999	0,954	0,999	131,679	0,272	0,357
9,0	2,099	0,01630	-0,219	0,258	0,998	0,944	0,999	128,734	0,240	0,354
10,0	2,110	0,03036	-0,216	0,002	0,999	0,833	0,999	69,495	0,189	0,352
11,0	2,133	0,03407	-0,216	0,001	0,999	0,800	0,999	62,599	0,319	0,351
12,0	2,131	0,03838	-0,217	0,001	0,999	0,765	0,999	55,522	0,213	0,352
13,0	2,104	0,04362	-0,218	0,000	0,999	0,726	0,999	48,239	0,241	0,353
14,0	2,053	0,04973	-0,218	0,000	0,999	0,688	0,999	41,282	0,246	0,356
15,0	1,975	0,05676	-0,218	-0,000	0,999	0,650	0,999	34,801	0,249	0,360
16,0	1,837	0,06539	-0,218	-0,000	0,999	0,611	0,999	28,084	0,250	0,369
17,0	1,681	0,07414	-0,218	-0,000	0,999	0,572	0,999	22,677	0,484	0,380
18,0	1,344	0,15174	-0,103	-0,001	0,999	0,013	1,000	8,860	0,522	0,327
19,0	1,210	0,16888	-0,090	-0,001	0,999	0,006	1,000	7,165	0,249	0,324
20,0	1,084	0,19227	-0,103	-0,001	0,999	0,011	1,000	5,637	0,206	0,345
21,0	0,964	0,21332	-0,101	-0,001	0,999	0,009	1,000	4,519	0,289	0,354
22,0	0,854	0,23957	-0,094	-0,001	0,999	0,006	1,000	3,566	0,261	0,361
23,0	0,757	0,25894	-0,098	-0,001	0,999	0,007	0,999	2,923	0,212	0,380
24,0	0,670	0,28495	-0,101	-0,000	0,999	0,008	0,999	2,352	0,224	0,401
25,0	0,594	0,31694	-0,103	-0,000	0,999	0,008	0,999	1,874	0,209	0,423
26,0	0,528	0,33157	-0,107	-0,000	0,998	0,009	0,999	1,591	0,174	0,453
27,0	0,470	0,36779	-0,112	-0,000	0,998	0,011	0,998	1,277	0,156	0,489
28,0	0,419	0,38583	-0,117	-0,001	0,998	0,013	0,999	1,087	0,173	0,530
29,0	0,375	0,40380	-0,120	-0,000	0,998	0,013	0,998	0,930	0,193	0,568
30,0	0,337	0,44398	-0,122	-0,000	0,998	0,014	0,998	0,759	0,181	0,612

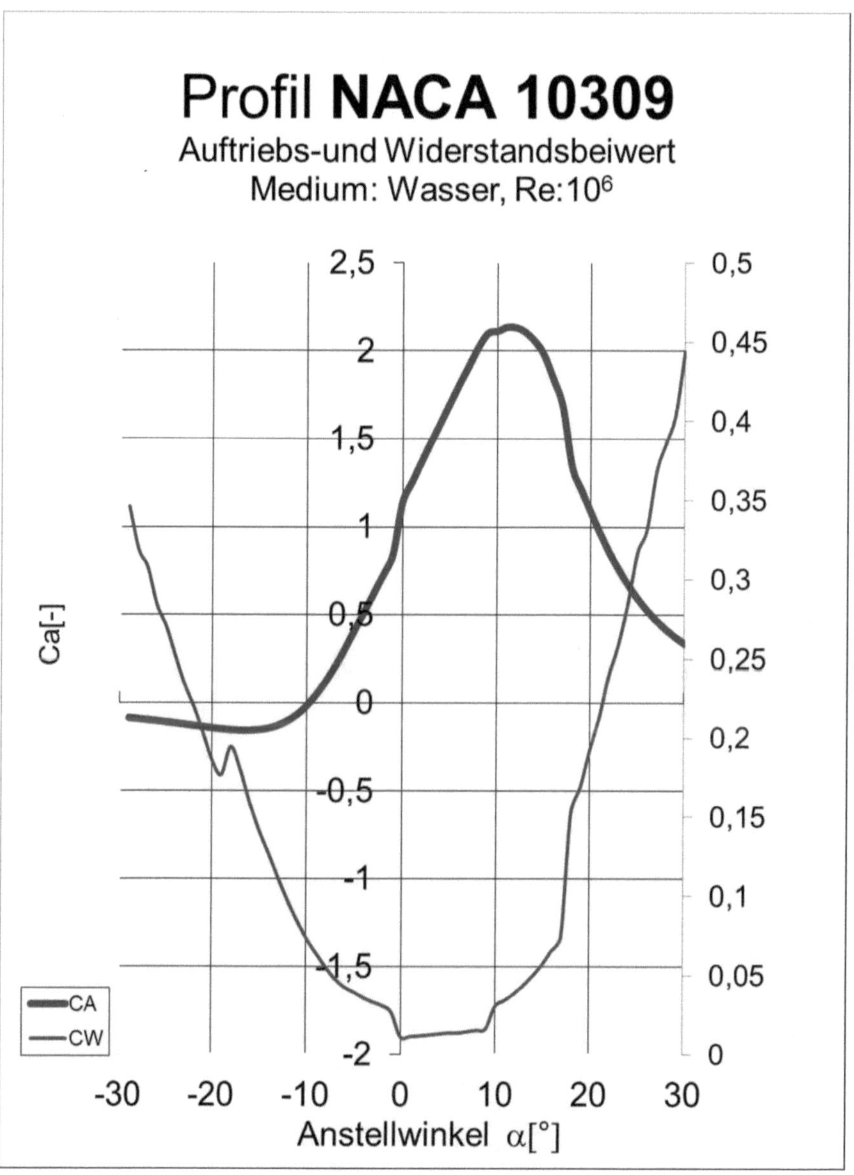
Profil NACA 10309
Auftriebs-und Widerstandsbeiwert
Medium: Wasser, Re:10⁶
Ca[-]
2,5
2
1,5
1
0,5
0
-0,5
-1
-1,5
-2
0,5
0,45
0,4
0,35
0,3
0,25
0,2
0,15
0,1
0,05
0
CA
CW
-30
-20
-10
0
10
20
30
Anstellwinkel α[°]

NACA 0008   Re 1000000   Wasser

x/l	y/l	v/V	δ_1	δ_2	δ_3	$Re\delta_2$	C_f	H_{12}	H_{32}	Zust.	y1
[-]	[-]	[-]	[-]	[-]	[-]	[-]	[-]	[-]	[-]	[-]	[%]
1,0000	0,0000	0,1275	0,013029	0,003229	0,006796	41,2	0,0000	4,0350	2,1046	abgel.	0,0000
0,9973	0,0003	0,8357	0,013029	0,003229	0,006796	269,8	0,0000	4,0350	2,1046	turb.	0,0000
0,9891	0,0010	0,8912	0,006391	0,003380	0,005362	315,1	0,0023	1,8910	1,5864	turb.	0,0296
0,9755	0,0023	0,9328	0,005568	0,003078	0,004941	293,5	0,0026	1,8090	1,6052	turb.	0,0276
0,9568	0,0040	0,9539	0,005048	0,002840	0,004581	275,8	0,0028	1,7773	1,6130	turb.	0,0267
0,9330	0,0061	0,9711	0,004794	0,002673	0,004302	262,8	0,0028	1,7932	1,6092	turb.	0,0269
0,9045	0,0085	0,9830	0,004630	0,002520	0,004029	250,5	0,0026	1,8372	1,5988	turb.	0,0277
0,8716	0,0112	0,9938	0,004450	0,002345	0,003719	236,3	0,0024	1,8971	1,5856	turb.	0,0288
0,8346	0,0142	1,0075	0,004485	0,002210	0,003447	225,0	0,0020	2,0289	1,5596	turb.	0,0316
0,7939	0,0173	1,0178	0,004875	0,002118	0,003211	216,9	0,0014	2,3020	1,5161	turb.	0,0384
0,7500	0,0204	1,0241	0,006387	0,001988	0,003040	205,7	0,0008	3,2134	1,5292	lam.	0,0493
0,7034	0,0236	1,0349	0,005978	0,001890	0,002895	197,1	0,0009	3,1622	1,5313	lam.	0,0461
0,6545	0,0267	1,0426	0,005245	0,001768	0,002725	186,2	0,0014	2,9671	1,5416	lam.	0,0381
0,6040	0,0297	1,0532	0,005090	0,001682	0,002588	178,2	0,0013	3,0252	1,5381	lam.	0,0391
0,5523	0,0324	1,0595	0,004420	0,001552	0,002405	166,3	0,0018	2,8476	1,5498	lam.	0,0329
0,5000	0,0349	1,0714	0,004210	0,001459	0,002257	157,3	0,0018	2,8854	1,5469	lam.	0,0329
0,4477	0,0369	1,0779	0,003637	0,001328	0,002071	144,8	0,0025	2,7379	1,5588	lam.	0,0283
0,3960	0,0385	1,0899	0,003484	0,001240	0,001925	135,7	0,0024	2,8095	1,5527	lam.	0,0289
0,3455	0,0394	1,0945	0,002987	0,001113	0,001740	123,1	0,0032	2,6847	1,5636	lam.	0,0252
0,2966	0,0398	1,1064	0,002719	0,001013	0,001583	112,6	0,0034	2,6853	1,5635	lam.	0,0241
0,2500	0,0394	1,1118	0,002431	0,000907	0,001419	101,4	0,0039	2,6796	1,5640	lam.	0,0228
0,2061	0,0383	1,1181	0,002069	0,000791	0,001244	89,1	0,0048	2,6140	1,5703	lam.	0,0204
0,1654	0,0365	1,1259	0,001785	0,000689	0,001084	77,8	0,0057	2,5902	1,5727	lam.	0,0188
0,1284	0,0339	1,1284	0,001520	0,000588	0,000924	66,3	0,0067	2,5872	1,5730	lam.	0,0173
0,0955	0,0306	1,1285	0,001227	0,000481	0,000758	54,3	0,0086	2,5513	1,5772	lam.	0,0152
0,0670	0,0267	1,1284	0,000939	0,000376	0,000595	42,1	0,0119	2,4985	1,5836	lam.	0,0129
0,0432	0,0222	1,1210	0,000673	0,000276	0,000439	30,3	0,0180	2,4388	1,5913	lam.	0,0105
0,0245	0,0172	1,0966	0,000396	0,000172	0,000276	17,8	0,0367	2,3042	1,6098	lam.	0,0074
0,0109	0,0118	1,0372	0,000205	0,000092	0,000149	6,2	0,1145	2,2352	1,6202	lam.	0,0042
0,0027	0,0061	0,8194	0,000185	0,000083	0,000134	0,6	0,0001	2,2364	1,6200	lam.	0,1414
0,0000	0,0000	0,0000	0,000001	0,000000	0,000001	0,0	0,0000	2,2364	1,6200	lam.	0,0000
0,0027	-0,0061	0,8194	0,000185	0,000083	0,000134	0,6	0,0001	2,2364	1,6200	lam.	0,1414
0,0109	-0,0118	1,0372	0,000205	0,000092	0,000149	6,2	0,1145	2,2352	1,6202	lam.	0,0042
0,0245	-0,0172	1,0966	0,000396	0,000172	0,000276	17,8	0,0367	2,3042	1,6098	lam.	0,0074
0,0432	-0,0222	1,1210	0,000673	0,000276	0,000439	30,3	0,0180	2,4388	1,5913	lam.	0,0105
0,0670	-0,0267	1,1284	0,000939	0,000376	0,000595	42,1	0,0119	2,4985	1,5836	lam.	0,0129
0,0955	-0,0306	1,1285	0,001227	0,000481	0,000758	54,3	0,0086	2,5513	1,5772	lam.	0,0152
0,1284	-0,0339	1,1284	0,001520	0,000588	0,000924	66,3	0,0067	2,5872	1,5730	lam.	0,0173
0,1654	-0,0365	1,1259	0,001785	0,000689	0,001084	77,8	0,0057	2,5902	1,5727	lam.	0,0188
0,2061	-0,0383	1,1181	0,002069	0,000791	0,001244	89,1	0,0048	2,6140	1,5703	lam.	0,0204
0,2500	-0,0394	1,1118	0,002431	0,000907	0,001419	101,4	0,0039	2,6796	1,5640	lam.	0,0228

0,2966	-0,0398	1,1064	0,002719	0,001013	0,001583	112,6	0,0034	2,6853	1,5635	lam.	0,0241
0,3455	-0,0394	1,0945	0,002987	0,001113	0,001740	123,1	0,0032	2,6847	1,5636	lam.	0,0252
0,3960	-0,0385	1,0899	0,003484	0,001240	0,001925	135,7	0,0024	2,8095	1,5527	lam.	0,0289
0,4477	-0,0369	1,0779	0,003637	0,001328	0,002071	144,8	0,0025	2,7379	1,5588	lam.	0,0283
0,5000	-0,0349	1,0714	0,004210	0,001459	0,002257	157,3	0,0018	2,8854	1,5469	lam.	0,0329
0,5523	-0,0324	1,0595	0,004420	0,001552	0,002405	166,3	0,0018	2,8476	1,5498	lam.	0,0329
0,6040	-0,0297	1,0532	0,005090	0,001682	0,002588	178,2	0,0013	3,0252	1,5381	lam.	0,0391
0,6545	-0,0267	1,0426	0,005245	0,001768	0,002725	186,2	0,0014	2,9671	1,5416	lam.	0,0381
0,7034	-0,0236	1,0349	0,005978	0,001890	0,002895	197,1	0,0009	3,1622	1,5313	lam.	0,0461
0,7500	-0,0204	1,0241	0,006387	0,001988	0,003040	205,7	0,0008	3,2134	1,5292	lam.	0,0493
0,7939	-0,0173	1,0178	0,004875	0,002118	0,003211	216,9	0,0014	2,3020	1,5161	turb.	0,0384
0,8346	-0,0142	1,0075	0,004485	0,002210	0,003447	225,0	0,0020	2,0289	1,5596	turb.	0,0316
0,8716	-0,0112	0,9938	0,004450	0,002345	0,003719	236,3	0,0024	1,8971	1,5856	turb.	0,0288
0,9045	-0,0085	0,9830	0,004630	0,002520	0,004029	250,5	0,0026	1,8372	1,5988	turb.	0,0277
0,9330	-0,0061	0,9711	0,004794	0,002673	0,004302	262,8	0,0028	1,7932	1,6092	turb.	0,0269
0,9568	-0,0040	0,9539	0,005048	0,002840	0,004581	275,8	0,0028	1,7773	1,6130	turb.	0,0267
0,9755	-0,0023	0,9328	0,005568	0,003078	0,004941	293,5	0,0026	1,8090	1,6052	turb.	0,0276
0,9891	-0,0010	0,8912	0,006391	0,003380	0,005362	315,1	0,0023	1,8910	1,5864	turb.	0,0296
0,9973	-0,0003	0,8357	0,013029	0,003229	0,006796	269,8	0,0000	4,0350	2,1046	turb.	0,0000
1,0000	0,0000	0,1275	0,013029	0,003229	0,006796	41,2	0,0000	4,0350	2,1046	abgel.	0,0000

α	Ca	Cw	Cm 0.25	T.U.	T.L.	S.U.	S.L.	GZ	N.P.	D.P.
[°]	[-]	[-]	[-]	[-]	[-]	[-]	[-]	[-]	[-]	[-]
-29,0	-0,143	0,40035	0,010	0,992	0,002	1,000	0,023	-0,358	0,232	0,320
-28,0	-0,157	0,36742	0,010	0,992	0,002	1,000	0,023	-0,427	0,233	0,312
-27,0	-0,172	0,34925	0,010	0,992	0,002	1,000	0,023	-0,494	0,234	0,305
-26,0	-0,190	0,32306	0,009	0,991	0,002	1,000	0,023	-0,588	0,235	0,299
-25,0	-0,210	0,29983	0,009	0,991	0,002	1,000	0,022	-0,699	0,236	0,293
-24,0	-0,232	0,28307	0,009	0,991	0,002	0,997	0,022	-0,820	0,237	0,287
-23,0	-0,257	0,25577	0,008	0,990	0,001	0,996	0,021	-1,007	0,238	0,282
-22,0	-0,286	0,24481	0,008	0,990	0,001	0,996	0,021	-1,170	0,238	0,278
-21,0	-0,319	0,22078	0,008	0,990	0,001	0,995	0,019	-1,445	0,238	0,274
-20,0	-0,356	0,20489	0,007	0,989	0,001	0,995	0,018	-1,737	0,239	0,270
-19,0	-0,397	0,18938	0,007	0,987	0,001	0,995	0,016	-2,096	0,241	0,267
-18,0	-0,442	0,17417	0,006	0,986	0,001	0,995	0,015	-2,540	0,244	0,264
-17,0	-0,492	0,15658	0,006	0,985	0,002	0,995	0,016	-3,142	0,243	0,262
-16,0	-0,544	0,13749	0,006	0,984	0,002	0,995	0,014	-3,956	0,240	0,260
-15,0	-0,597	0,12971	0,005	0,982	0,002	0,995	0,011	-4,601	0,239	0,258
-14,0	-0,647	0,11193	0,004	0,981	0,003	0,994	0,008	-5,785	0,240	0,257
-13,0	-0,692	0,09827	0,004	0,979	0,003	0,993	0,007	-7,046	0,243	0,256
-12,0	-0,727	0,08510	0,004	0,978	0,004	0,993	0,009	-8,544	0,242	0,255
-11,0	-0,746	0,07486	0,004	0,976	0,004	0,993	0,009	-9,968	0,204	0,255
-10,0	-0,738	0,06470	0,003	0,971	0,004	0,995	0,010	-11,402	0,264	0,255
-9,0	-0,706	0,05681	0,003	0,965	0,005	0,995	0,011	-12,430	0,291	0,254

-8,0	-0,821	0,00996	0,007	0,959	0,005	0,996	0,990	-82,492		0,318	0,258
-7,0	-0,749	0,00916	0,006	0,949	0,005	1,000	0,995	-81,770		0,261	0,258
-6,0	-0,662	0,00853	0,005	0,939	0,006	1,000	0,998	-77,570		0,259	0,258
-5,0	-0,564	0,00901	0,004	0,918	0,008	1,000	0,998	-62,622		0,258	0,258
-4,0	-0,458	0,00826	0,003	0,883	0,019	1,000	0,998	-55,438		0,258	0,258
-3,0	-0,347	0,00597	0,003	0,855	0,317	1,000	0,998	-58,095		0,258	0,258
-2,0	-0,232	0,00530	0,002	0,830	0,436	1,000	0,998	-43,768		0,258	0,258
-1,0	-0,116	0,00504	0,001	0,740	0,541	1,000	0,998	-23,059		0,258	0,257
0,0	-0,000	0,00488	-0,000	0,656	0,656	1,000	0,999	-0,000	0,257	0,250	
1,0	0,116	0,00504	-0,001	0,541	0,740	1,000	0,999	23,066	0,258	0,257	
2,0	0,232	0,00530	-0,002	0,436	0,830	1,000	0,998	43,786	0,258	0,258	
3,0	0,347	0,00597	-0,003	0,317	0,855	1,000	0,998	58,120	0,258	0,258	
4,0	0,458	0,00826	-0,003	0,019	0,883	1,000	0,998	55,459	0,258	0,258	
5,0	0,564	0,00901	-0,004	0,008	0,918	1,000	0,998	62,648	0,258	0,258	
6,0	0,662	0,00853	-0,005	0,006	0,939	1,000	0,998	77,605	0,259	0,258	
7,0	0,749	0,00916	-0,006	0,005	0,949	0,995	0,998	81,770	0,261	0,258	
8,0	0,821	0,00996	-0,007	0,005	0,959	0,990	0,996	82,492	0,318	0,258	
9,0	0,706	0,05681	-0,003	0,005	0,965	0,011	0,995	12,430	0,291	0,254	
10,0	0,738	0,06470	-0,003	0,004	0,971	0,010	0,995	11,402	0,264	0,255	
11,0	0,746	0,07486	-0,004	0,004	0,976	0,009	0,993	9,968	0,204	0,255	
12,0	0,727	0,08510	-0,004	0,004	0,978	0,009	0,993	8,544	0,242	0,255	
13,0	0,692	0,09827	-0,004	0,003	0,979	0,007	0,993	7,046	0,243	0,256	
14,0	0,647	0,11193	-0,004	0,003	0,981	0,008	0,994	5,785	0,240	0,257	
15,0	0,597	0,12971	-0,005	0,002	0,982	0,011	0,995	4,601	0,239	0,258	
16,0	0,544	0,13749	-0,006	0,002	0,984	0,014	0,995	3,956	0,240	0,260	
17,0	0,492	0,15658	-0,006	0,002	0,985	0,016	0,995	3,142	0,243	0,262	
18,0	0,442	0,17417	-0,006	0,001	0,986	0,015	0,995	2,540	0,244	0,264	
19,0	0,397	0,18938	-0,007	0,001	0,987	0,016	0,995	2,096	0,241	0,267	
20,0	0,356	0,20489	-0,007	0,001	0,989	0,018	0,995	1,737	0,239	0,270	
21,0	0,319	0,22078	-0,008	0,001	0,990	0,019	0,995	1,445	0,238	0,274	
22,0	0,286	0,24481	-0,008	0,001	0,990	0,021	0,996	1,170	0,238	0,278	
23,0	0,257	0,25577	-0,008	0,001	0,990	0,021	0,996	1,007	0,238	0,282	
24,0	0,232	0,28307	-0,009	0,002	0,991	0,022	0,997	0,820	0,237	0,287	
25,0	0,210	0,29983	-0,009	0,002	0,991	0,022	0,998	0,699	0,236	0,293	
26,0	0,190	0,32306	-0,009	0,002	0,991	0,023	0,997	0,588	0,235	0,299	
27,0	0,172	0,34925	-0,010	0,002	0,992	0,023	0,998	0,494	0,234	0,305	
28,0	0,157	0,36742	-0,010	0,002	0,992	0,023	0,998	0,427	0,233	0,312	
29,0	0,143	0,40035	-0,010	0,002	0,992	0,023	0,998	0,358	0,230	0,320	
30,0	0,131	0,42917	-0,010	0,002	0,993	0,024	0,998	0,306	0,229	0,328	

NACA 0009   Re 1000000   Wasser

x/l	y/l	v/V	δ_1	δ_2	δ_3	$Re\delta_2$	C_f	H_{12}	H_{32}	Zust.	y1
[-]	[-]	[-]	[-]	[-]	[-]	[-]	[-]	[-]	[-]	[-]	[%]
1,0000	0,0000	0,1252	0,014139	0,003419	0,007125	42,8	0,0000	4,1356	2,0840	abgel.	0,0000
0,9973	0,0003	0,8000	0,014139	0,003419	0,007125	273,5	0,0000	4,1356	2,0840	turb.	0,0000
0,9891	0,0012	0,8911	0,007011	0,003613	0,005693	333,6	0,0021	1,9407	1,5759	turb.	0,0309
0,9755	0,0026	0,9242	0,005867	0,003225	0,005168	306,1	0,0026	1,8195	1,6027	turb.	0,0279
0,9568	0,0045	0,9493	0,005458	0,003028	0,004864	291,4	0,0027	1,8028	1,6067	turb.	0,0274
0,9330	0,0068	0,9630	0,004876	0,002756	0,004452	271,1	0,0029	1,7689	1,6152	turb.	0,0265
0,9045	0,0096	0,9836	0,004776	0,002625	0,004207	260,3	0,0027	1,8195	1,6028	turb.	0,0274
0,8716	0,0126	0,9920	0,004431	0,002403	0,003837	242,6	0,0026	1,8444	1,5972	turb.	0,0277
0,8346	0,0160	1,0100	0,004563	0,002296	0,003599	233,3	0,0021	1,9872	1,5673	turb.	0,0307
0,7939	0,0194	1,0162	0,004633	0,002145	0,003297	220,6	0,0017	2,1603	1,5371	turb.	0,0347
0,7500	0,0230	1,0286	0,006990	0,002017	0,003069	209,7	0,0005	3,4652	1,5213	lam.	0,0640
0,7034	0,0266	1,0394	0,006113	0,001903	0,002910	199,6	0,0009	3,2125	1,5293	lam.	0,0485
0,6545	0,0301	1,0493	0,005698	0,001801	0,002758	190,5	0,0010	3,1636	1,5313	lam.	0,0454
0,6040	0,0334	1,0579	0,005004	0,001676	0,002581	179,2	0,0014	2,9860	1,5404	lam.	0,0380
0,5523	0,0365	1,0692	0,004684	0,001573	0,002425	169,6	0,0015	2,9768	1,5409	lam.	0,0367
0,5000	0,0392	1,0777	0,004278	0,001461	0,002257	159,0	0,0017	2,9271	1,5441	lam.	0,0342
0,4477	0,0415	1,0880	0,003759	0,001337	0,002075	147,0	0,0022	2,8124	1,5525	lam.	0,0301
0,3960	0,0433	1,1000	0,003329	0,001219	0,001901	135,3	0,0027	2,7305	1,5594	lam.	0,0273
0,3455	0,0444	1,1101	0,003077	0,001119	0,001743	124,9	0,0028	2,7503	1,5576	lam.	0,0266
0,2966	0,0447	1,1165	0,002727	0,001006	0,001570	113,2	0,0033	2,7113	1,5611	lam.	0,0246
0,2500	0,0443	1,1257	0,002356	0,000892	0,001398	101,2	0,0041	2,6420	1,5676	lam.	0,0222
0,2061	0,0431	1,1348	0,002072	0,000787	0,001234	89,7	0,0047	2,6324	1,5685	lam.	0,0207
0,1654	0,0410	1,1392	0,001757	0,000679	0,001068	77,6	0,0057	2,5876	1,5730	lam.	0,0187
0,1284	0,0381	1,1437	0,001483	0,000578	0,000910	66,1	0,0069	2,5664	1,5755	lam.	0,0170
0,0955	0,0344	1,1437	0,001213	0,000474	0,000747	54,1	0,0086	2,5584	1,5764	lam.	0,0153
0,0670	0,0300	1,1401	0,000909	0,000365	0,000579	41,4	0,0123	2,4871	1,5851	lam.	0,0127
0,0432	0,0250	1,1339	0,000649	0,000268	0,000428	29,7	0,0190	2,4165	1,5942	lam.	0,0103
0,0245	0,0194	1,1044	0,000385	0,000168	0,000272	17,5	0,0385	2,2842	1,6127	lam.	0,0072
0,0109	0,0133	1,0299	0,000205	0,000092	0,000149	6,7	0,1059	2,2352	1,6202	lam.	0,0043
0,0027	0,0068	0,7721	0,000200	0,000089	0,000145	0,5	0,0001	2,2364	1,6200	lam.	0,1414
0,0000	0,0000	0,0000	0,000001	0,000000	0,000001	0,0	0,0000	2,2364	1,6200	lam.	0,0000
0,0027	-0,0068	0,7721	0,000200	0,000089	0,000145	0,5	0,0001	2,2364	1,6200	lam.	0,1414
0,0109	-0,0133	1,0299	0,000205	0,000092	0,000149	6,7	0,1059	2,2352	1,6202	lam.	0,0043
0,0245	-0,0194	1,1044	0,000385	0,000168	0,000272	17,5	0,0385	2,2842	1,6127	lam.	0,0072
0,0432	-0,0250	1,1339	0,000649	0,000268	0,000428	29,7	0,0190	2,4165	1,5942	lam.	0,0103
0,0670	-0,0300	1,1401	0,000909	0,000365	0,000579	41,4	0,0123	2,4871	1,5851	lam.	0,0127
0,0955	-0,0344	1,1437	0,001213	0,000474	0,000747	54,1	0,0086	2,5584	1,5764	lam.	0,0153
0,1284	-0,0381	1,1437	0,001483	0,000578	0,000910	66,1	0,0069	2,5664	1,5755	lam.	0,0170
0,1654	-0,0410	1,1392	0,001757	0,000679	0,001068	77,6	0,0057	2,5876	1,5730	lam.	0,0187
0,2061	-0,0431	1,1348	0,002072	0,000787	0,001234	89,7	0,0047	2,6324	1,5685	lam.	0,0207
0,2500	-0,0443	1,1257	0,002356	0,000892	0,001398	101,2	0,0041	2,6420	1,5676	lam.	0,0222
0,2966	-0,0447	1,1165	0,002727	0,001006	0,001570	113,2	0,0033	2,7113	1,5611	lam.	0,0246
0,3455	-0,0444	1,1101	0,003077	0,001119	0,001743	124,9	0,0028	2,7503	1,5576	lam.	0,0266
0,3960	-0,0433	1,1000	0,003329	0,001219	0,001901	135,3	0,0027	2,7305	1,5594	lam.	0,0273
0,4477	-0,0415	1,0880	0,003759	0,001337	0,002075	147,0	0,0022	2,8124	1,5525	lam.	0,0301
0,5000	-0,0392	1,0777	0,004278	0,001461	0,002257	159,0	0,0017	2,9271	1,5441	lam.	0,0342

0,5523	-0,0365	1,0692	0,004684	0,001573	0,002425	169,6	0,0015	2,9768	1,5409	lam.	0,0367
0,6040	-0,0334	1,0579	0,005004	0,001676	0,002581	179,2	0,0014	2,9860	1,5404	lam.	0,0380
0,6545	-0,0301	1,0493	0,005698	0,001801	0,002758	190,5	0,0010	3,1636	1,5313	lam.	0,0454
0,7034	-0,0266	1,0394	0,006113	0,001903	0,002910	199,6	0,0009	3,2125	1,5293	lam.	0,0485
0,7500	-0,0230	1,0286	0,006990	0,002017	0,003069	209,7	0,0005	3,4652	1,5213	lam.	0,0640
0,7939	-0,0194	1,0162	0,004633	0,002145	0,003297	220,6	0,0017	2,1603	1,5371	turb.	0,0347
0,8346	-0,0160	1,0100	0,004563	0,002296	0,003599	233,3	0,0021	1,9872	1,5673	turb.	0,0307
0,8716	-0,0126	0,9920	0,004431	0,002403	0,003837	242,6	0,0026	1,8444	1,5972	turb.	0,0277
0,9045	-0,0096	0,9836	0,004776	0,002625	0,004207	260,3	0,0027	1,8195	1,6028	turb.	0,0274
0,9330	-0,0068	0,9630	0,004876	0,002756	0,004452	271,1	0,0029	1,7689	1,6152	turb.	0,0265
0,9568	-0,0045	0,9493	0,005458	0,003028	0,004864	291,4	0,0027	1,8028	1,6067	turb.	0,0274
0,9755	-0,0026	0,9242	0,005867	0,003225	0,005168	306,1	0,0026	1,8195	1,6027	turb.	0,0279
0,9891	-0,0012	0,8911	0,007011	0,003613	0,005693	333,6	0,0021	1,9407	1,5759	turb.	0,0309
0,9973	-0,0003	0,8000	0,014139	0,003419	0,007125	273,5	0,0000	4,1356	2,0840	turb.	0,0000
1,0000	0,0000	0,1252	0,014139	0,003419	0,007125	42,8	0,0000	4,1356	2,0840	abgel.	0,0000

α	Ca	Cw	Cm 0.25		T.U.	T.L.	S.U.	S.L.	GZ	N.P.	D.P.
[°]	[-]	[-]	[-]	[-]	[-]	[-]	[-]	[-]	[-]	[-]	
-29,0	-0,206	0,41484		0,011	0,991	0,001	0,994	0,022	-0,498	0,236	0,304
-28,0	-0,225	0,39253		0,011	0,991	0,001	0,994	0,022	-0,574	0,235	0,298
-27,0	-0,246	0,35732		0,010	0,991	0,001	0,993	0,021	-0,689	0,235	0,292
-26,0	-0,270	0,34629		0,010	0,991	0,001	0,994	0,021	-0,780	0,237	0,288
-25,0	-0,297	0,32555		0,010	0,991	0,001	0,994	0,020	-0,911	0,237	0,283
-24,0	-0,326	0,29784		0,009	0,991	0,001	0,993	0,019	-1,096	0,240	0,279
-23,0	-0,360	0,27561		0,009	0,990	0,001	0,993	0,020	-1,306	0,240	0,275
-22,0	-0,397	0,24888		0,009	0,990	0,001	0,993	0,018	-1,595	0,241	0,272
-21,0	-0,438	0,23079		0,008	0,990	0,002	0,992	0,019	-1,898	0,241	0,269
-20,0	-0,483	0,20904		0,008	0,990	0,002	0,992	0,017	-2,311	0,239	0,266
-19,0	-0,531	0,19007		0,007	0,989	0,002	0,992	0,015	-2,796	0,238	0,264
-18,0	-0,583	0,16861		0,007	0,987	0,002	0,992	0,012	-3,455	0,236	0,262
-17,0	-0,635	0,15326		0,006	0,985	0,003	0,992	0,008	-4,143	0,240	0,259
-16,0	-0,688	0,13591		0,006	0,983	0,003	0,993	0,009	-5,060	0,246	0,258
-15,0	-0,737	0,12050		0,005	0,981	0,003	0,992	0,009	-6,117	0,244	0,257
-14,0	-0,779	0,10667		0,005	0,979	0,004	0,992	0,010	-7,307	0,242	0,257
-13,0	-0,811	0,09322		0,005	0,977	0,004	0,992	0,010	-8,701	0,248	0,256
-12,0	-0,822	0,08239		0,005	0,973	0,004	0,992	0,018	-9,978	4,446	0,256
-11,0	-0,811	0,07089		0,005	0,968	0,005	0,993	0,033	-11,443	0,235	0,257
-10,0	-0,790	0,05963		0,006	0,963	0,005	0,993	0,069	-13,252	0,282	0,257
-9,0	-0,914	0,01338		0,009	0,959	0,005	0,993	0,972	-68,320	0,285	0,259
-8,0	-0,850	0,01031		0,008	0,940	0,006	0,996	0,990	-82,484	0,263	0,259
-7,0	-0,769	0,00931		0,007	0,926	0,007	0,997	0,993	-82,511	0,261	0,259
-6,0	-0,675	0,00855		0,006	0,917	0,009	0,997	0,995	-78,953	0,260	0,259
-5,0	-0,573	0,00786		0,005	0,907	0,018	0,997	0,996	-72,865	0,259	0,258
-4,0	-0,464	0,00735		0,004	0,859	0,042	1,000	0,998	-63,042	0,259	0,258
-3,0	-0,350	0,00618		0,003	0,843	0,295	1,000	0,998	-56,681	0,258	0,258
-2,0	-0,234	0,00561		0,002	0,767	0,419	1,000	0,998	-41,727	0,258	0,258
-1,0	-0,117	0,00516		0,001	0,717	0,534	1,000	0,998	-22,725	0,258	0,258
0,0	0,000	0,00508		-0,000	0,628	0,628	1,000	0,998	0,000	0,258	0,250

1,0	0,117	0,00516	-0,001	0,534	0,717	1,000	0,998	22,734	0,258	0,258
2,0	0,234	0,00561	-0,002	0,419	0,767	1,000	0,998	41,743	0,258	0,258
3,0	0,350	0,00618	-0,003	0,295	0,843	1,000	0,998	56,704	0,258	0,258
4,0	0,464	0,00735	-0,004	0,042	0,859	1,000	0,998	63,074	0,259	0,258
5,0	0,573	0,00786	-0,005	0,018	0,907	0,996	0,997	72,865	0,259	0,258
6,0	0,675	0,00855	-0,006	0,009	0,917	0,995	0,997	78,953	0,260	0,259
7,0	0,769	0,00931	-0,007	0,007	0,926	0,993	0,997	82,511	0,261	0,259
8,0	0,850	0,01031	-0,008	0,006	0,940	0,990	0,996	82,484	0,263	0,259
9,0	0,914	0,01338	-0,009	0,005	0,959	0,972	0,993	68,320	0,285	0,259
10,0	0,790	0,05963	-0,006	0,005	0,963	0,069	0,993	13,252	0,282	0,257
11,0	0,811	0,07089	-0,005	0,005	0,968	0,033	0,993	11,443	0,235	0,257
12,0	0,822	0,08239	-0,005	0,004	0,973	0,018	0,992	9,978	4,446	0,256
13,0	0,811	0,09322	-0,005	0,004	0,977	0,010	0,992	8,701	0,248	0,256
14,0	0,779	0,10667	-0,005	0,004	0,979	0,010	0,992	7,307	0,242	0,257
15,0	0,737	0,12050	-0,005	0,003	0,981	0,009	0,992	6,117	0,244	0,257
16,0	0,688	0,13591	-0,006	0,003	0,983	0,009	0,993	5,060	0,246	0,258
17,0	0,635	0,15326	-0,006	0,003	0,985	0,008	0,992	4,143	0,240	0,259
18,0	0,583	0,16861	-0,007	0,002	0,987	0,012	0,992	3,455	0,236	0,262
19,0	0,531	0,19007	-0,007	0,002	0,989	0,015	0,992	2,796	0,238	0,264
20,0	0,483	0,20904	-0,008	0,002	0,990	0,017	0,992	2,311	0,239	0,266
21,0	0,438	0,23079	-0,008	0,002	0,990	0,019	0,992	1,898	0,241	0,269
22,0	0,397	0,24888	-0,009	0,001	0,990	0,018	0,993	1,595	0,241	0,272
23,0	0,360	0,27561	-0,009	0,001	0,990	0,020	0,993	1,306	0,240	0,275
24,0	0,326	0,29784	-0,009	0,001	0,991	0,019	0,993	1,096	0,240	0,279
25,0	0,297	0,32555	-0,010	0,001	0,991	0,020	0,994	0,911	0,237	0,283
26,0	0,270	0,34629	-0,010	0,001	0,991	0,021	0,994	0,780	0,237	0,288
27,0	0,246	0,35732	-0,010	0,001	0,991	0,021	0,993	0,689	0,235	0,292
28,0	0,225	0,39253	-0,011	0,001	0,991	0,022	0,994	0,574	0,235	0,298
29,0	0,206	0,41484	-0,011	0,001	0,991	0,022	0,994	0,498	0,234	0,304
30,0	0,190	0,44053	-0,011	0,002	0,992	0,023	0,995	0,430	0,231	0,310

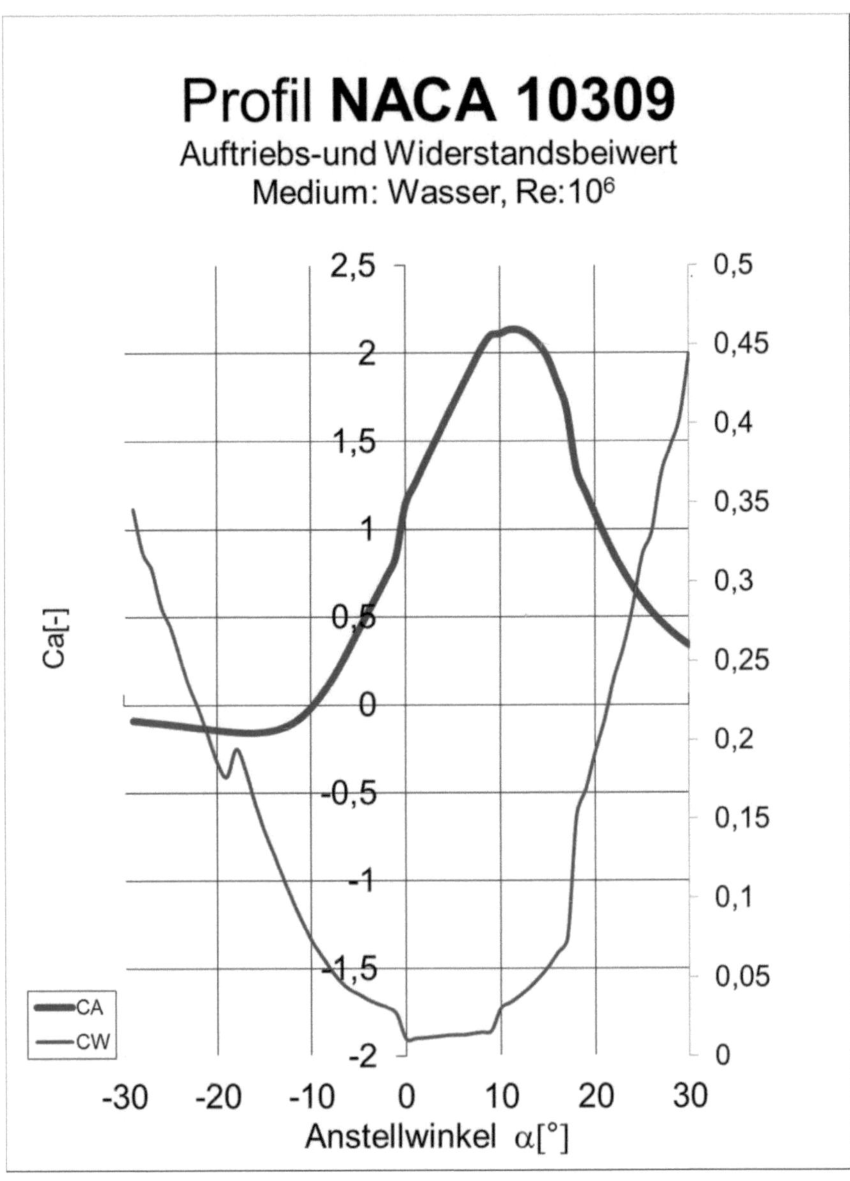
Profil NACA 10309
Auftriebs-und Widerstandsbeiwert
Medium: Wasser, Re:10^6
2,5
2
1,5
1
0,5
0
-0,5
-1
-1,5
-2
0,5
0,45
0,4
0,35
0,3
0,25
0,2
0,15
0,1
0,05
0
Ca[-]
CA
CW
-30
-20
-10
0
10
20
30
Anstellwinkel α[°]

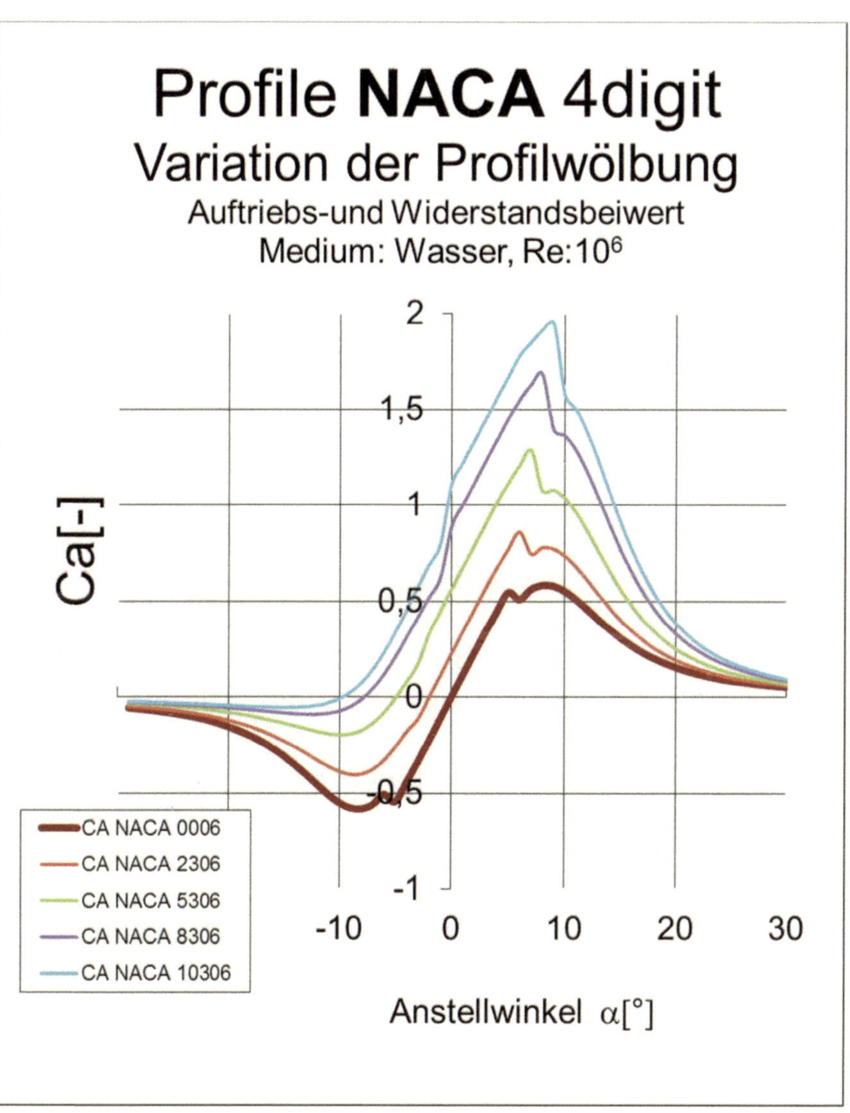
Profile NACA 4digit
Variation der Profilwölbung
Auftriebs-und Widerstandsbeiwert
Medium: Wasser, Re:10⁶
Ca[-]
Anstellwinkel α[°]
2
1,5
1
0,5
0
-0,5
-1
-10
0
10
20
30
CA NACA 0006
CA NACA 2306
CA NACA 5306
CA NACA 8306
CA NACA 10306